时域有限差分法在屏蔽分析中的应用

陈　彬　熊　润　易　韵　陈海林　著

科　学　出　版　社

北　京

内 容 简 介

本书针对时域有限差分 (finite-difference time-domain, FDTD) 法分析电磁屏蔽问题中遇到的典型问题，提出了一套精度更高的 FDTD 法模拟窄缝的亚网格技术。本书首先概述了装备所处的战场电磁环境效应，分析了现有的几种窄缝 FDTD 法模拟亚网格技术的精度，建立了一种新的平面波照射无限大导体板的 FDTD 法实现模型。对于零厚度窄缝，提出了基于等效原理的零厚度窄缝 FDTD 法模拟的亚网格技术；对于有限厚度的长缝和短缝，分别提出了基于近场拟合和预处理技术的有限厚度窄缝 FDTD 法模拟的亚网格技术。此外，本书还研究了高功率电磁环境通过各类孔口对机箱辐射耦合的规律并提出了相应的防护方案。

本书可作为电磁场专业研究生“电磁场数值分析”相关课程的参考书，也可供相关专业的科研人员参考。

图书在版编目 (CIP) 数据

时域有限差分法在屏蔽分析中的应用/陈彬等著.—北京：科学出版社，2019.10

ISBN 978-7-03-062686-8

Ⅰ. ①时… Ⅱ. ①陈… Ⅲ. ①时域-有限差分法-应用-电磁屏蔽-研究 Ⅳ. ①TN721

中国版本图书馆 CIP 数据核字 (2019) 第 233772 号

责任编辑：惠 雪 曾佳佳/责任校对：杨聪敏

责任印制：张 伟/封面设计：许 瑞

科学出版社出版

北京东黄城根北街 16 号

邮政编码：100717

http://www.sciencep.com

北京建宏印刷有限公司印刷

科学出版社发行 各地新华书店经销

*

2019 年 10 月第 一 版 开本：720×1000 1/16

2019 年 10 月第一次印刷 印张：10 1/2

字数：205 000

定价：89.00 元

前　言

针对时域有限差分 (finite-difference time-domain, FDTD) 法分析电磁屏蔽问题中遇到的典型问题,《时域有限差分法在屏蔽分析中的应用》提出了一套精度更高的 FDTD 法模拟窄缝的亚网格技术，进行了机箱电磁屏蔽模拟，分析了主要耦合途径，并给出了机箱电磁屏蔽优化方案，为增强机箱电磁屏蔽能力设计提供了依据。

本书共分 6 章。第 1 章主要概述了装备可能面临的复杂电磁环境效应。第 2 章为 FDTD 法及其在屏蔽分析中的应用现状，主要介绍 FDTD 法的关键技术及其在屏蔽分析应用中的瓶颈。第 3 章主要介绍了现有的几种窄缝 FDTD 法模拟亚网格技术，在高分辨率 FDTD 法模拟的基础上观测了窄缝附近电磁场的分布，并研究了现有的几种亚网格技术的精度。第 4 章提出了零厚度窄缝的 FDTD 法模拟亚网格技术。首先建立了一种新的平面波照射无限大导体板的 FDTD 法实现模型，该模型的计算区域由卷积完全匹配层 (convolution perfectly matched layer, CPML) 截断，将总场/散射场边界和导体板伸入 CPML 内，并与 CPML 最外层的理想导体相连接，从而实现对无限大导体板的模拟。然后利用等效原理，通过引入等效磁流的概念，将窄缝附近的电磁场分解成两个相对独立的部分：一部分是由等效磁流产生的场，通过保角变换得到；另一部分是入射波对近区场的贡献，通过线性拟合得到，在此基础上提出了基于等效原理的零厚度导体板上窄缝 FDTD 法模拟的亚网格技术。利用这种亚网格技术，并结合并行技术和信号处理技术，给出了一种大型屏蔽体屏蔽效能的 FDTD 法分析解决方案。第 5 章为有限厚度窄缝的 FDTD 法模拟亚网格技术。考虑到窄缝短边的边缘效应对窄缝耦合的影响程度因窄缝长度而不同，我们将有限厚度窄缝的耦合分为长缝和短缝两类分别处理。对于长缝，分别提出了引入孔深方向场变化规律的近场拟合技术和二维 FDTD 法预处理技术。对于短缝，通过对窄缝区域的三维预处理，并引入等效窄缝宽度的概念，实现了对有限厚度短缝的模拟。第 6 章为机箱孔口辐射耦合防护研究。首先分析了窄带高功率微波和超宽带电磁脉冲对机箱内部的辐射耦合，找出了机箱辐射耦合的主要途径。针对机箱的辐射耦合途径，提出了增强其电磁防护能力的防护方案，并通过数值模拟试验证明了这些方案的有效性。此外，还进行了双层屏蔽的屏蔽效能分析，给出了双层屏蔽设计的优化方案。

本书得到了国家自然科学基金项目“雷电回击放电数值模拟关键技术研究”

(51477182) 的支持。本书在编写过程中参阅了大量的资料，特别是周璧华教授编写的《电磁脉冲及其工程防护》《人防工程电磁脉冲防护设计》、李传胪教授编写的《新概念武器》等书，在此一并表示感谢。由于作者水平有限，加之时间仓促，书中难免存在不当之处，敬请读者和有关专家进行批评指正。

作　者

2019 年 6 月 12 日

目　　录

第 1 章　战场电磁环境效应

1962 年 7 月 9 日，美国在约翰斯顿岛上空 400 km 处爆炸了一枚 1400 kt TNT 当量的核弹，这次爆炸引起许多民用电力系统故障。在距离零点地面 1300 km 的夏威夷的瓦胡岛上 30 多条街道电路同时发生故障；在檀香山，触发了几百个防盗报警器的响铃，电力线路中许多断路器跳闸。我国早期进行的核效应实验中，核电磁脉冲烧毁电子测量系统中的元器件事件也屡见不鲜。

1967 年 7 月 29 日，参加越南战争的美军 Forrestal 号航空母舰 (CVA-59) 正在准备当天的第二波飞机弹射，一架停在舰艉的编号为 410 的 F-4“鬼怪”战斗机在将外部电源切换到内部电源的过程中产生了浪涌，导致瞬态电流过大 (很多中文文献对于此次事故原因的描述是因为大功率雷达的照射，但根据美国探索频道相关纪录片和这次事件纪念网站的描述，电源切换过程中产生的浪涌才是真正元凶)，触发了一枚已挂载的插销不到位的 MK-32“阻尼”火箭弹，击中停在甲板上的编号为 405 或 416 的 A-4“天鹰”攻击机。虽然火箭弹的引信装有保险未爆，但猛烈的撞击导致 A-4 攻击机燃油箱破裂和挂载的 2 枚 1000 磅高爆炸弹掉落到甲板上；紧接着泄漏的燃油被撞击产生的火花引燃，在人们奋力灭火的同时，其中一枚炸弹被高温引爆，并引发连环爆炸，共造成 134 人死亡，161 人受伤，21 架飞机被毁，另有 43 架严重受损，损失超过 7200 万美元 (不包括飞机的损失)。

在现代高技术战争条件下，战场电磁环境日益恶化，整个战场的空域、时域和频域呈现出信号密集、种类繁杂、对抗激烈、动态变化等复杂特性。同时，武器装备电子设备所占的比例日益增高，电子化程度越来越高，表现为更为明显的电磁环境敏感性。

复杂多变的电磁环境，不仅会危及电子设备、器件和人员的安全，而且将直接影响信息化武器系统作战效能，甚至影响到装备战场生存能力和战斗力。如何有效提高装备在复杂电磁环境下的生存能力，是作战保障亟待解决的重要课题[1,2]。

高功率电磁波通过前门耦合 (如天线、传感器) 和后门耦合 (如窄缝、小孔、电缆) 进入武器箱体系统内部。试验研究表明，功率密度在 0.01~1 μW/cm^{2}时，计算机节点的工作将受到干扰；在 0.01~1 W/cm^{2}时，计算机的芯片将被损伤；在 10~100 W/cm^{2}时，计算机元器件将被烧毁；当达到 1000~10 000 W/cm^{2}时，整个计算机节点将被摧毁。

1.1　电磁环境及其作用

电磁环境是电磁空间的一种表现形式，是指存在于给定场所的所有电磁现象的总和。“给定场所”即“空间”，“所有电磁现象”包括全部“时间”与全部“频谱”。电气与电子工程师协会 (Institute of Electrical and Electronics Engineers, IEEE) 对电磁环境的定义为：一个设备、分系统或系统在完成其规定任务时可能遇到的辐射或传导电磁发射电平在不同频段内功率与时间的分布。即存在于一个给定位置的电磁现象的总和[1-7]。

1.1.1　电磁环境构成

一般情况下，构成空间电磁环境的主要因素有自然环境因素和人为环境因素两大类，如表 1-1 所示。

表 1-1　电磁环境的一般构成

环境	因素
自然环境	雷电电磁辐射源
	静电电磁辐射源
	太阳系和星际电磁辐射源
	地球和大气层电磁场等
人为环境	各种电磁发射系统：电视、广播发射台，无线电台，通信导航系统，差转台、干扰台等
	工频电磁辐射系统：高电压送、变电系统，大电流工频设备，轻轨和干线电气化铁路等
	行业领域应用的有电磁辐射的各种设备或系统
	以电火花点燃内燃机为动力的各种交通工具和机器设备
	现代化办公设备、家用电器、电动工具等
	用于军事目的的强电磁脉冲源

当研究或关注某一局部环境时，小区域的电磁环境往往由附近作用比较明显的个别电磁辐射源所决定。按照场所大小、辐射源性质和应用目的的不同，电磁环境可分为许多具体的类型，如城市电磁环境、工业区电磁环境、舰船电磁环境、电力系统电磁环境、武器系统电磁环境、战场电磁环境等。

通常所说的复杂电磁环境即战场电磁环境，是指在一定的战场空间内，由空域、时域、频域和能量上分布密集、数量繁多、样式复杂、动态交替的多种电磁信号交叠而成，严重妨碍信息系统和电子设备正常工作，显著影响武器的作战运用和效能发挥的电磁环境。战场电磁环境同样既有自然干扰源，又有强烈的人为干扰源。

1. 自然干扰源

静电放电有时是高电压、强电场和瞬时大电流的过程，在此过程中会产生上升速度极快、持续时间极短的初始大电流脉冲，并伴随强烈的电磁辐射，其辐射频带很宽 (0~3 GHz)，往往会引起电子系统中敏感部件的损伤或产生状态翻转，使电发火装置中的电火工品 (electro-explosive device，EED)误爆，造成事故。

雷电电磁脉冲是伴随雷电放电过程的电磁辐射和电流瞬变。从广义上说，雷电也可以看作是大规模静电放电，其放电电流持续时间长，产生的电磁脉冲场强大、频谱较窄、频率较低 (1 kHz~10 MHz)。雷电电磁脉冲可以将脉冲能量耦合到武器内，使其不能正常工作。

2. 无意干扰源

战场电磁环境中的无意干扰源包括系统内部和外部的电磁辐射干扰。当不同的电气设备在同一空间中同时工作时，总会在它周围产生一定强度的电磁场，这些电磁场通过一定途径 (辐射、传导) 把能量耦合给其他设备，使其他设备不能正常工作。同时这些设备也会从其他电子设备产生的电磁场中耦合能量，使自己不能正常工作。这种相互影响在小范围内存在于设备与设备、部件与部件、元器件与元器件之间，甚至存在于集成电路内部；在大的范围内则存在于系统与系统之间、小系统与大系统之间，例如，舰艇与舰艇之间、防空雷达与通信雷达之间、军用雷达与民用雷达之间等。

战场电磁环境中的无意干扰问题的实质是电磁兼容问题。国内外关于电磁兼容性的定义有如下的表述：电磁兼容性是设备 (分系统、系统) 的一种能力，是其在共同的电磁环境中能一起执行各自功能的共存状态。电磁兼容性包括两个含义：一是该设备在它们自己所产生的电磁环境和外界电磁环境中，能按原设计要求正常运行，不会由于受到处于同一电磁环境中的其他设备的电磁辐射而导致或遭受不允许的降级，即它们应具有一定的抗电磁干扰能力；二是电子设备自己产生的电磁噪声必须限制在一定的水平内，避免影响周围其他电子设备的正常工作，使处于同一电磁环境中的其他设备 (分系统、系统) 因受其电磁辐射而导致或遭受不允许的降级。

3. 有意干扰源

传统电子对抗是有意干扰的一种形式，它利用专门的电子设备或装置发射电磁干扰信号，能干扰、破坏敌方电子系统的正常工作，其目标是敌方的雷达、无线电通信、无线电导航、无线电遥测、敌我识别、武器制导等设备和系统，包括各种光电设备，可造成敌方通信中断、指挥瘫痪、雷达迷盲、武器失控或命中精度降低。电磁干扰还能欺骗敌人，隐蔽己方行动企图。

核电磁脉冲 (nuclear electromagnetic pulse, NEMP) 是核爆炸产生的强电磁辐射，它的电磁脉冲强度大、覆盖区域广。传统的百万吨 TNT 当量的核武器在高空爆炸时，其总能量中约万分之三是以电磁脉冲的形式辐射出去的，电磁脉冲能量约为 10^{11} 焦耳级，其作用覆盖范围相当于整个欧洲的面积。

非 NEMP 是一种由电磁脉冲武器产生的电磁场强度非常高、波形前沿上升快、持续时间短、频谱宽、能量极高的电磁波。非 NEMP 武器可分为定向辐射的非 NEMP 武器 (directed energy weapon, DEW) 和非定向辐射的 NEMP 武器 (又称 EMP 炸弹)。DEW 武器通过天线汇聚成方向性很强的电磁能量束，可直接杀伤、破坏目标或使目标丧失作战效能，包括高功率微波 (high-power microwave, HPM)、超宽带 (ultra-wideband, UWB)电磁脉冲以及电磁导弹等。

1.1.2 电磁环境效应

电磁环境对电子设备 (分系统、系统) 或生物体的影响作用即电磁环境效应 (electromagnetic environment effect)，一般也称为 E^3 问题。美国政府工作报告 (AD-A243367) 中强调集成化后勤保障工作应高度重视武器系统的电磁环境效应，并明确指出在现代战场和后勤保障中应考虑的电磁环境效应有 14 种，包括静电放电 (electrostatic discharge, ESD)、电磁兼容性 (electromagnetic compatibility, EMC)、电磁敏感度 (electromagnetic susceptibility, EMS)、电磁辐射危害 (electromagnetic radiation hazard, EMRH)、雷电效应、电子对抗 (electronic countermeasures, ECM)、干扰/阻断、电磁干扰 (electromagnetic interference, EMI)、电磁易损性 (electromagnetic vulnerability, EMV)、电磁脉冲 (electromagnetic pulse, EMP)、射频能、电子战 (electronic warfare, EW)、高功率微波 (high power microwave, HPM) 和元器件间的干扰。美国国防部还把静电放电等电磁环境效应规定为武器系统可靠性与维修性研究的指标之一。

复杂电磁环境作用的本质就是电磁能量通过传导耦合和辐射 (场) 耦合对电子器件、燃油和人员的影响。具体表现为以下几个方面。

1. 热效应

电磁能量与燃油、人员、电子器件等发生相互作用，将电磁能量转换为热能而造成影响，尤其是脉冲电磁场产生的热效应一般是在纳秒或微秒量级完成的，它是一种绝热过程。电磁能量作为点火源、引爆源，瞬时可引起易燃、易爆气体或电火工品爆炸；可使系统中的微电子器件、电磁敏感电路过热，造成局部热损伤，电路性能变坏或失效，甚至导致库存物资燃烧爆炸。

2. 强电场效应

电磁能量作用到系统内部的电子元器件上，不仅可使金属-氧化物-半导体(metal-oxide-semiconductor, MOS) 场效应器件的栅氧化层击穿或金属线间介质击穿，造成电路失效，而且，强电场效应可造成载流子在器件表面态或缺陷态的迁移，从而形成潜在性损伤，对许多微电子器件和敏感电路的工作可靠性造成影响。

3. 电磁辐射场效应

静电放电和高功率微波的电磁辐射对信息化设备造成电磁干扰，使其产生误动作或功能失效，甚至使武器中电子装置意外发火，造成恶性事故；强电磁脉冲及其浪涌效应对设备还可以造成硬损伤，既可能造成器件或电路的性能参数劣化或完全失效，也可能形成累积效应。

4. 磁效应

静电放电、雷击闪电等引起的强电流可产生强磁场，电磁能量可直接耦合到系统内部，从而干扰电子设备的正常工作。由于对磁场的屏蔽更加困难，因此对信息化设备的设计和磁屏蔽材料的选择都提出了更为苛刻的要求。

1.1.3 复杂电磁环境下的装备损伤机制

在复杂电磁环境下，电子信号干扰对装备的正常使用构成威胁。高强度的电磁干扰信号易对电子、电气设备造成损伤，主要存在以下损伤机制。

1. 高压击穿

电磁能量被装备接收后，可以转化成大电流，或者在高电阻处产生高电压，引起装备内部节点、部件或回路间的电击穿及器件的损坏或瞬时失效。例如，雷达接收机对电磁脉冲非常敏感，设备中高度灵敏的小型高频晶体三极管易被瞬态高压击穿，当进入系统内部的外加功率超过标称最大允许功率时，雷达内部多数电子器件都将损坏。

2. 器件烧毁

现代装备中含有大量的半导体器件，这些器件在受到电磁影响后，易造成接点烧蚀、金属连线熔断等，使设备受到永久性损伤。例如，对于通信设备，电磁脉冲不仅可以破坏通信源，还能够通过通信线路进入通信设备内部，从而造成综合性的损坏。根据实验，微波功率密度达到 0.01~1 $\mu W/cm^2$ 时，就会对通信设备产生强烈的干扰，可使通信设备的电子元器件失效或烧毁，使设备不能正常工作。

3. 浪涌冲击

对于已经进行了金属屏蔽的电子设备 (分系统、系统)，虽然电磁脉冲无法直接辐射到设备内部，但是可以在屏蔽壳体上产生感应脉冲电流，就像浪涌一样在壳体上流动。当遇到缝隙、孔洞时，浪涌就会进入系统内部，导致敏感器件的损坏。

4. 瞬时干扰

瞬时干扰是指当电磁脉冲冲击出现在电路的某一输入点时，其他的输入点仍然固定在原定的逻辑上，而输出暂时改变。在这种情况下，电磁脉冲的瞬时变化产生的干扰信号进入放大电路，使系统失灵。对于瞬时干扰来说，数字电路的输入线是最敏感的部位，其次是直流电源线和地线。装备中的低功率和高速数字处理系统、飞行导航控制系统等，都是易受瞬态干扰影响的部位。

5. 微波加热

电磁波的能量可以使金属、水等物质的温度升高，尤其是高功率电磁脉冲产生的热效应一般为纳秒或微秒量级。装备长时间工作在电磁辐射环境下，会造成装备的局部温度过高，电路性能损坏或失效，导致装备无法正常工作。

6. 强电场效应

电磁辐射源形成的强电场不仅可能致使装备的电路失效，而且还可能对装备的自检仪器和敏感器件的工作可靠性造成影响。

7. 磁效应

电磁脉冲引起的强电流可以产生强磁场，使电磁能量直接耦合到武器系统内部，干扰电子设备的正常工作。

1.1.4　复杂电磁环境下装备的失效模式

在复杂电磁环境下，装备受到电子信号的干扰，往往不能正常工作。常见的失效模式有以下三种。

1. 工作失灵

电子设备在受到敌方电磁干扰以及与己方其他电子设备之间因电磁不兼容问题而不能正常工作的情况，通常称为工作失灵。当雷达等重要的电子器件无法正常工作时，往往会造成严重的影响。在英阿马岛 (福克兰群岛) 战争中，英国驱逐舰“谢菲尔德”号本身的雷达系统与电子设备不兼容，导致电子设备工作时雷达系统无法工作，结果被阿根廷的“飞鱼”导弹击中，损失惨重。

2. 功能损坏

功能损坏是指电磁脉冲波进入电子设备内部后，其能量可能造成设备某些部位器件的永久性失效，最严重的就是烧毁设备内部半导体器件，导致装备无法发挥全部功能，降低装备的战斗力。自然环境中的雷电干扰也可能会造成电磁环境的复杂化，如高速飞行中的导弹易受到雷电电磁干扰。雷电放电形成的电磁脉冲进入导弹内部后，容易损坏导弹上的电子控制设备、制导设备等，引起弹载计算机功能紊乱、控制系统工作失效，甚至诱发导弹上的电火工品引爆，导致恶性事故的发生。

3. 系统瘫痪

在现代战争中，进攻方通常首先采取电子攻击，使得敌方的指挥控制系统处于瘫痪状态，导致敌方指挥机关无法及时地指挥控制部队。在海湾战争中，以美国为首的多国部队首先采用电子战攻击，使得伊拉克的指挥控制和通信设备遭到毁灭性打击，其主要表现就是：电子控制系统受到了电磁信号的干扰；雷达网被假信号所覆盖；防卫系统受到了严重的影响；通信系统遭到电磁炸弹的袭击，整个指挥系统处于瘫痪状态，直接导致伊拉克处于全面被动挨打的局面。

1.2 静电效应

静电放电 (ESD) 是一种常见的近场电磁脉冲危害源，对各种微电子元器件危害极大。它不仅可能造成电子设备的严重干扰和损伤，而且还可能形成潜在危害，使电子设备的工作寿命降低，引发重大工程事故等。历史上曾多次发生静电放电使火箭发射失败的事例。另外，ESD 也会引燃油料、弹药等易燃、易爆物质，进而给装备带来危害[8-10]。

1.2.1 静电简述

1. 静电起电

静电产生的方式一般有两种：摩擦起电和感应起电。摩擦起电是指两种固体物质紧密接触后再分离开来而产生静电的起电方式。感应起电是指导体在静电电场的作用下，其表面不同部位感应出不同电荷或导体上原有电荷重新分布的现象。

2. 静电特点

静电具有电位高、电量小、能量低、作用时间短等特点。装备生产中设备、工装、人体上的静电位最高可达数万伏甚至数十万伏，在正常操作条件下也常达数百至数千伏。但因静电容很小，物体上的带电量很低，一般为微库或纳库量级，静电电流多为微安级，作用时间多为微秒级，带电体的静电能量也很小。但这些都是相对于电流而言的，从引发静电危害的角度看，静电电量和能量并不小。

静电在观测时重复性差、瞬态现象多。静电现象受物体的材料、表面状态、环境条件和加工工艺条件的影响显著，特别是受环境湿度的影响更大。当湿度提高时，物体的带电程度将明显降低。我国大部分地区春、冬等季节气候干燥，湿度低，极易产生静电。

3. 静电领域材料的分类

凡体积电阻率小于 10^4 Ω·cm 的物质或表面电阻率小于 10^5 Ω的材料，具有较强的静电泄漏能力，视作静电导体；反之，对于体积电阻率大于 10^{11} Ω·cm 的物质或表面电阻率大于 10^{12} Ω的材料，其泄漏静电的能力极弱，容易积聚起足够的可以致害的静电荷，称为静电绝缘材料；而把体积电阻率在 10^4 ~10^{11} Ω·cm 或表面电阻率介于 10^5 ~10^{12} Ω的材料称为静电耗散材料。显然，这些概念与通常意义上的导体、绝缘体完全不同。

4. 静电放电

静电放电是指带电体周围的场强超过周围介质的绝缘击穿场强时，因介质产生电离而使带电体上的静电荷部分或全部消失的现象。大多数情况下，静电放电过程往往会产生瞬时脉冲大电流，尤其是带电导体或手持小金属物体 (如钥匙或螺丝刀等) 的带电人体对接地体产生火花放电时，产生的瞬时脉冲电流强度可达到几十安至上百安。在 ESD 过程中还会产生上升速度极快、持续时间极短的初始大电流脉冲，并产生强烈的电磁辐射形成静电放电电磁脉冲 (ESD electromagnetic pulse, ESD EMP)，它的电磁能量往往会引起电子系统中敏感部件的损坏、翻转，使某些装置中的电火工品误爆，造成事故。

1.2.2 静电危害

1. 力学效应

无论带电体带有何种极性的电荷，对于原来不带电的尘埃颗粒都具有吸引作用，因此悬浮在空气中的尘埃容易被吸附在物体上造成污染。例如，由于半导体芯片对浮游尘埃的吸附，可使其在生产过程中积累很强的静电。有关资料表明，在芯片上可检测到 5 kV 的静电位，在石英托盘上可检测到 15 kV 的静电位。而在制作芯片的每个工序几乎都会产生粉尘，这些粉尘因受静电力作用被吸附在芯片或载体上，使这些芯片在封装时潜伏下短路击穿的隐患。再如，在印刷行业和塑料薄膜包装生产过程中，由于静电的吸引力或排斥力，影响正常的纸张分离、叠放，塑料膜不能正常包装和印花，甚至出现“静电墨斑”，使自动化生产遇到困难。

2. 静电放电造成的危害

静电放电造成的危害分为击穿损害和电磁脉冲损害。

1) ESD 对电子器件的击穿效应

ESD 对装备电子器件的击穿效应可分为硬击穿和软击穿。所谓硬击穿是指 ESD 造成电子器件自身短路、断路或绝缘层击穿，使其永久性失去工作能力，又称突发性完全失效。当 ESD 能量较小时，一次静电放电不足以使元器件完全失效，而是在其内部造成轻度损伤。这种损伤具有累加性，随着放电次数的增加，最终导致元器件完全丧失工作能力，这种损害称为静电软击穿或潜在性失效。有关资料表明，在 ESD 电子器件失效中，软击穿约占 90%。因此，静电软击穿比硬击穿更为普遍，危害性更大。

2) ESD 的电磁脉冲效应

ESD 过程中产生强烈的电磁辐射形成静电放电电磁脉冲 (ESD EMP)，该脉冲属于宽带脉冲，频带从低频到几兆赫以上，其能量可通过多种途径耦合到计算机系统和其他电子设备的数字电路中，导致电路电平发生翻转、出现误动作、信息漏失等故障。

ESD 引发的电磁干扰以及放电电流产生的热量会造成器件的内伤，产生间歇的故障。以 MOS 器件为例，ESD 会诱发 MOS 电路内部发生锁定效应，使器件内部电流增大，电路出现不稳定现象。只要不切断电源，电路将一直死锁下去，时间一长就有可能烧坏电路。事实上，ESD 使电子组件完全损坏而使仪器在最后测试中失效的情况只占 10%，其他 90%的情况是 ESD 只引起部分的降级，表现为电路的抗过度电应力的能力削弱、性能劣化、使用寿命缩短、可靠性变差、在高温下性能不稳定等。如继续使用，会对以后发生的 ESD 或传导性瞬态冲击表现出更大的敏感性。

1.2.3 静电危害形成条件

静电危害的形成应具备三个基本条件：危险静电源、危险物质和能量耦合途径。

1. 危险静电源

所谓危险静电源，即某处产生并积累足够多的静电荷，导致局部电场强度达到或超过周围电介质的击穿场强，发生静电放电。实际上带电体的性质不同，其放电能力也不同。导体放电时，一般可将其储存的能量一次几乎全部释放，故导体上的电位或电量等于或大于危险电位或危险电量时，则该导体为危险静电源。绝缘体放电时，电荷不能在一次放电中全部释放，因而危险性较小，但仍然具有火灾和爆炸的危险性。可以肯定，静电电位达 30 kV 的绝缘体在空气中放电时，放电能量可达数百微焦，足以引起某些起爆药、电雷管和爆炸性混合物发生爆炸。

一般认为，对于最小点火能为数十微焦耳，静电电压 1 kV 以上或电荷密度 10^{-7} C/m^2 以上是危险的；对于最小点火能为数百微焦者，静电电压 5 kV 以上或电荷密度 10^{-6} C/m^2 以上是危险的；当直径 3 mm 的接地金属球接近绝缘体会发生伴有声、光的放电时，也认为是有危险的。在带电很不均匀的场合下带电量和带电的极性出现特别变化、绝缘体中含有明显的低电阻率区域以及在带电的绝缘体里或近旁有接地导体时，要特别注意，防止强烈放电引起危险。

2. 危险物质

静电源周围存在静电敏感器件、电子装置或者电火工品等易燃、易爆物质，是发生静电危害的必要条件。此外，还要考虑所需静电能量的大小，因为不同的物质所需的静电能量是不同的。

最小静电点火能是判断弹药是否会发生火灾和爆炸事故的重要数据之一。所谓最小静电点火能是指能够点燃或引爆某种危险物质所需的最小静电能量。影响最小静电点火能的因素很多，如危险物质的种类、危险物质的物理状态、静电放电的形式、放电间隙的大小、放电回路的电阻等。因此，为了比较不同危险物质的最小静电点火能，规定使危险物质处于最敏感状态下，被放电能量或放电火花点燃或引爆的最小能量为该危险物质的最小静电点火能。所谓最敏感状态是指各种影响因素都处于各自的敏感条件下，只有在这种条件下点火能才能达到最小。

3. 能量耦合途径

仅有危险物质和危险静电源并不一定就会发生静电事故，二者之间必须形成能量耦合通路，同时分配到危险物质上的能量大于其最小静电点火能。当静电场强达到空气击穿场强时，即形成火花放电，物体上积聚的静电能量通过火花释放出来。当在电火花通道上存在爆炸性混合物和易燃易爆的火炸药时，则带电体的全部或部分能量通过电火花耦合给危险物质。若电火花能量大于或等于危险物质的最小静电点火能，就可能引燃或引爆危险物质而形成静电火灾或爆炸。爆炸性混合物、散露的火炸药、带有已解除保险的火花式电雷管或薄膜式电雷管的引信、已短路的桥丝式电火工品脚壳之间，都可能通过这种耦合方式获得电火花能量而点燃或起爆。而带有桥丝式电点火具的炮弹、火箭弹则可能通过流经桥丝的静电放电电流产生的热能而发火。这两者能量耦合的方式是不同的。在整个放电回路中，在电火花和桥丝上分配的静电能量，取决于放电回路中电阻的大小。电阻越小，电火花和桥丝上获得的静电能量越大。由于金属物体和人体电阻都很小，它们的放电最危险，应特别注意。

1.2.4　典型装备静电作用机制

静电对装备的作用主要表现为对装备机电系统特别是各种微电子元器件危害的作用。国内外报道的由 ESD 导致卫星失控、飞机失事、导弹发射失败等恶性事故有数十起之多。在这里重点探讨对导弹和电发火弹药的作用机制。

1. 导弹阵地静电形成及作用机制

导弹武器系统就是典型的机-电-仪一体化技术与自动控制技术紧密结合的产物，电力与电子设备互相结合，强电与弱电交叉工作。导弹武器系统电子仪器设备数量多，而且分布密集。很小的能量和电压即可能击穿电介质、击毁元器件，从而造成相关设备性能的下降甚至失效。

1) 形成机制

导弹阵地的静电源有多种存在形式，可简单归纳为自然界的沉积静电和人为静电。自然界的沉积静电主要是指空气中的带电小颗粒 (如灰尘、云、雨等) 吸附于导弹表面或与导弹表面碰撞形成的静电。例如，晴天天气条件下，竖立在导弹发射车上的 30 m 长的导弹，如果不接地，可以带上 2.5×10^{-6} C 的静电。人为静电主要是导弹阵地地面测发控设备的电磁不兼容 (如窄缝屏蔽、接地不当等) 以及操作号手的误操作 (如服装未有效接地等) 引发的静电。静电放电可以发生在不同电压下，研究表明，低电压和高电压静电放电会比中间值电压放电带来更多问题，而阵地操作号手操作时很有可能发生多次低电压静电放电。例如，1964 年肯尼迪发射场，“德尔塔” 运载火箭的三级 X-248 发动机发生的意外点火事故就是由于操作人员的误动作引起的。

2) 作用机制

导弹阵地静电的作用机制可以分为两类：静电放电电流的作用和静电放电电磁脉冲的作用。静电放电产生的瞬时大电流可以对导弹上电火工品、电子器件造成恶劣影响。对于电阻桥丝式和电容放电式电爆管，静电放电电流可以从插针通过炸药到达外壳，引爆电爆管，引发诸如发动机误点火、导弹误自毁、导弹误解爆等恶性事故。静电放电电磁脉冲效应是另一种危害效应。静电放电产生的电磁脉冲频谱很宽，与导弹阵地很多测试设备工作频段相重叠。因此，如果设备的电磁兼容措施不当 (如系统的有效选择、合理的屏蔽方式等)，脉冲就可能耦合至设备内，干扰设备的正常工作。同时，弹体上有很多开口窗 (如各种航空插座)，尽管由于窄缝的趋肤效应会衰减一定的脉冲耦合量，但只要发生的电磁脉冲能量足够大，仍有造成导弹上设备故障的可能。例如，1962 年美国“民兵”1 型导弹飞行试验时就发生过由于静电放电电磁脉冲干扰制导计算机，引发导弹炸毁的事故。

2. 电发火弹药作用机制

电发火弹药是电子技术与弹药相结合的产物，具有威力大、命中精度高的特点，在现代战争中得到广泛应用。但由于其中存在电火工品和电子线路，电发火弹药在储运过程中也容易受到静电作用引起燃烧爆炸事故。

1) 对电火工品作用

在复杂的电磁环境中，无论是感生电流还是感应电压，都有可能对电发火弹药的电火工品产生直接影响而将其引爆。不同的是，感生电流主要作用于装有桥丝式电火工品的电发火弹药，感应电压主要作用于装有火花式和间隙式电火工品的电发火弹药。从快上升沿的电磁脉冲电流在电火工品中形成的绝热效应的分析和实验结果中，可看出电磁能量热效应对系统安全性的影响。

2) 对电子线路作用

电发火弹药的中枢神经系统为电子线路，自电子技术从 20 世纪 60 年代的电子管元器件发展到大型集成电路以来，电子元器件的耐受能量已由 0.1~10 J 降至 10^{-8}~10^{-6} J，因而电子设备损坏率骤然升高。半导体器件损伤阈值一般为 10^{-5}~10^{-2} J，若只引起瞬时失效或干扰，其能量值还要低 2~3 个量级。电发火弹药中的功能电路依靠低电平电磁信号工作，在有限的时间和空间内要完成大量信息与能量的交换。这样就使得电发火弹药工作过程中的 EMS 非常高，在作战使用过程中可能受到射频电磁干扰而造成工作失败。国内外曾多次出现射频电磁干扰导致电发火弹药爆炸的事故。

1.3 雷电效应

雷电是大气中的放电现象，发生频率很高，据统计全球平均每秒发生 100 次雷电。雷电过程产生强大的电流、炽热的高温、猛烈的冲击波、剧变的静电场和强烈的电磁辐射等物理效应，具有很大的破坏力，往往带来多种危害。例如，雷电能造成人员伤亡，使建筑物倒塌，破坏电力、通信设施，酿成空难事故，引起森林起火和油库、火药爆炸等[11-13]。

1.3.1 雷电危害方式及破坏效应

1. 雷电危害方式

雷电危害方式分为直击雷、雷电波侵入和雷电感应。

1) 直击雷

直击雷是雷云和大地间的直接放电。当雷电直接击在建筑物和构筑物上时，它的高电压、大电流产生的电效应、热效应和机械力会造成许多危害，如房屋倒塌、烟囱崩毁、森林起火、油库和火药爆炸等。

2) 雷电波侵入

雷电波是在对地绝缘的架空线路、金属导管上，雷击产生高电压冲击波，沿雷击点向线路、管道的各个方面，以极高的速度 (架空线路中的传播速度为 300 m/μs，在电缆中为 150 m/μs) 侵入建筑物内或引起电气设备的过电压，危及人身安全或损坏设备。

3) 雷电感应

雷电感应又称雷电的二次作用，即雷电流产生的静电感应和电磁感应。由于雷雨云的先导作用，闪电的强大脉冲电流使云中电荷与地中和，从而引起静电场的强烈变化，使附近导体上感应出与先导通道符号相反的电荷。雷雨云放电时，先导通道中的电荷迅速中和，在导体上的感应电荷得到释放，如不就近泄入地中，就会产生很高的电位，造成火灾，损坏设备。由于雷电流迅速变化，在其周围空气产生瞬变的强电磁场，使导体上感应出很高的电动势，产生强大的电磁感应和电磁辐射现象。闪电能辐射出从几赫兹的极低频率直至几千兆赫兹的特高频率，其中以 5~10 kHz 的电磁辐射强度为最大。电磁辐射的影响比较大，轻则干扰无线电通信，重则损坏仪器设备。

2. 雷电的破坏作用

雷电的破坏作用是多方面的，就其破坏因素来看，主要有以下三个方面。

1) 热性质的破坏作用

热性质的破坏作用，表现在雷电放电通道温度很高，高温虽然维持时间极短，但它碰到可燃物时，能迅速引燃起火。当巨大的雷电流通过导体时，在极短的时间内转换出大量的热量，造成易燃品燃烧或金属熔化、飞溅，引起火灾或爆炸。

2) 机械性质的破坏作用

机械性质的破坏作用，表现在被击物直接遭到破坏，甚至爆裂成碎片。这是因为最大值可达 300 kA 的雷电流通过被击物时，使之产生高温，引起水分极快蒸发和周围气体剧烈膨胀，产生与爆炸一样的效果。这种爆炸引起巨大的冲击波，对被击物附近的物体和人员造成很大的破坏和伤亡。

3) 电性质的破坏作用

电性质的破坏作用，主要表现在：

(1) 电击形成的数十万乃至数百万伏的冲击电压，产生过电压作用，可击穿电气设备的绝缘，烧断电线而发生短路放电，其放电火花、电弧可能造成火灾或爆炸。

(2) 巨大的雷电流，在通过防雷装置时会产生很高的电位，当防雷装置与建筑物内部的电气设备、线路或其他金属管线的绝缘距离太小时，它们之间就会发生放电现象，即出现反击电压。

(3) 由于雷电流的迅速变化，在它的周围空间里会产生强大而变化的电磁场，处于这一磁场中间的导体会感应出强大的电动势，电磁感应可以使闭合回路的金属物产生感应电流，如果回路间导体接触不良，就会产生局部发热，这对于放置可燃物品，尤其是易燃易爆物品的建筑物也是危险的。

(4) 当雷电流经过雷击点或者接地装置流入到周围土壤时，由于土壤有一定的电阻，在其周围 5~10 m 形成电位差，称为跨步电压，如果人畜经过，就可能触电身亡。

按照雷电灾害的形成方式和科技工作者对闪电的研究方向，可以分为两个阶段：在 20 世纪 70 年代以前，主要集中于直击雷及其防护的研究；20 世纪 70 年代以后，以雷电电磁脉冲及其防护的研究为主。

1.3.2 雷电电磁脉冲及其危害

雷电电磁脉冲是非直击雷带来的二次效应，通常称为感应雷，可源于任何的闪电形式，危害的范围远大于直击雷。雷电电磁脉冲对装备造成的危害在国内外时有发生，特别是随着装备电子化程度的提高，这一现象表现得尤为突出。1961 年秋，意大利发生了因雷击使“丘比特”导弹系统多次遭到严重破坏的事件；1967 年，由于雷电感应，美国的山迪亚实验室发生了弹药爆炸事故；1977 年 7 月，苏联伯力弹药库受雷击，弹药爆炸持续几小时之久，死亡达 340 人；1984 年 5 月，我国某火箭炮阵地上，雷电电磁感应致使两枚火箭弹自行飞出阵地；1987 年，肯尼迪航天中心的火箭发射场上有三枚小型火箭在一声雷响之后，自行点火升空。这些事故主要是雷电电磁脉冲所造成的。

1. 静电感应脉冲

大气电离层带正电荷，与大地之间形成了大气静电场，电离层和地面构成一个球形电容器，如令地面的电位为零，则电离层的电位平均约为+300 kV。通常情况下，地面附近电场强度约为 120 V/m。当有积雨云形成时，积雨云下层的电荷将较为集中，电位较高，致使局部静电场强度远大于大气在稳态下的静电场强度。在积雨云与大地之间形成的强电场中，在地面的物体表面将感应出大量的异性电荷，其电荷密度和电位随着附近的场强变化而变化，电场强度以地面的尖凸物附近为甚。例如，地面上 10 m 处的架空线，可感应出 100~300 kV 的电位。落雷的瞬间，大气静电场急剧减小，地面物体表面因感应生成的大量自由电荷失去束缚，将沿电阻最低的通路流向大地，形成瞬时的大电流、高电压，这称为静电感应脉冲。对于接地良好的导体而言，静电感应脉冲是极小的，在很多时候是可以忽略的。若物体的接地电阻较大，其放电的时间常数将大于雷电持续时间，则静电感应脉冲对它的危害尤为明显。

静电感应放电脉冲的具体危害形式，主要表现为以下三个方面。

1) 电压 (流) 的冲击

输电线路上由静电感应产生的高压脉冲会沿电线向两边传播，形成高压冲击，对与之相连的电气、电子设备等造成危害，这是它的主要危害方式。

2) 高压电击

垂直安放的导体，如果接地电阻较大，会在尖端出现火花放电，能点燃易燃易爆物品。

3) 束缚电荷二次火花放电

处于雷电高电压场中的油类，由于其电阻率高，内部电荷不易流动，经过一段时间将建立静电平衡。落雷后，下部的电荷较快地通过容器壁流散；而油品的上部会出现大量高电位的自由电荷且消散慢。如果有金属物品接近油面，就可能发生火花放电，导致燃烧以至于爆炸。这种放电发生时间可能与落雷时刻相差较远，故称为二次火花放电。

2. 地电流脉冲

地电流脉冲是由落雷点附近区域的地面电荷中和过程形成的。以常见的负极性雷为例，主放电通道建立以后，产生回击电流，即积雨云中的负电荷会流向大地，同时地面的感应正电荷也流向落雷点与负电荷中和，形成地电流脉冲。地电流流过的地方，会出现瞬态高压电位；不同位置之间也会有瞬态高电压，即跨步电压。

地电流脉冲的危害形式包括以下三种。

1) 地电位反击

地电位的瞬时高压会使接地的仪器外壳与电路板之间出现火花放电，它还可能通过地阻抗耦合至装备机电系统中，造成微电子设备的击穿、烧毁等故障。

2) 跨步电压电击

附近的直击雷可能会造成站在地面上的人、畜被跨步电压电击致死。

3) 传导和感应电压

埋于地下的金属管道、电缆或其他导体，构成电荷流动的低阻通道，在雷击时其表面将有瞬变大电流流过，造成导体两端出现电压冲击。对屏蔽线而言，地电流只流经屏蔽层表面，根据互感原理，其内芯导线上会感应出暂态电压。由于地电流上升沿很陡峭，故感应电压峰值可能极大，形成浪涌，不但会干扰信息传输，还可能造成电路硬件损伤。

3. 电磁脉冲辐射

雷电是一种典型的强电磁干扰源。发生闪击时，云层电荷迅速与大地或云层异性感应电荷中和，雷电通道中会有高达数兆伏的脉冲电压、数十千安的脉冲电流，电流上升率会达到数十千安每微秒，在通道周围的空间会产生强烈的电磁脉冲辐射 (lightning electromagnetic pulse, LEMP) 。无论闪电在空间的先导通道或回击通道中产生瞬变电磁场，还是闪电电流流入建筑物的避雷系统以后由引下线所产生的瞬变电磁场，都会在一定范围内对各种电子信息设备产生干扰和破坏作用。

用阶跃电流偶极子天线模型计算闪电回击电流的电磁脉冲效应，可证明 LEMP 在一定区域内的输电线、数据通信线及其他导线上感应出高电压。计算表明，11.5 kA 的云地回击电流，可在 50 m 处产生 40 kV/m 的垂直电场，在距离地面 10 m 输电线上的感应电压可高达 82 kV。1980 年，Erickson 实测 30 kA 直击雷放电通道 150 m 处的一根 1000 m 长的输电线，感应电压值为 70 kV，这也验证了理论计算结果[14]。

LEMP 是脉冲大电流产生的，其磁场部分危害不容忽视。它能在导体环路中感应生成浪涌电流，或者在环形导体的断开处感应出高电压，甚至击穿空气出现火花放电，引发火灾、爆炸等灾害。1989 年的黄油岛油库火灾事故，起因就是 LEMP 引起混凝土内钢筋断头处的火花放电。

1.3.3　雷电电磁脉冲对 EED 的损伤机制

EED 强度好，作用可靠，具有低功率和快速响应特性，广泛地应用于爆破器材 (包括烟火装置起爆)。但 EED 非常敏感，任何频率的电能输入，可通过对起爆材料某部位的加热引起作用直接使 EED 起爆，也可通过使发火电路开关过早动作而间接使 EED 起爆。含 EED 的电路包括直接与 EED 发火电路有关的独立电子线路、微电子装置、微处理机以及相关软件。这些电子元器件对 LEMP 非常敏感，只需要很小的能量就能对其造成损伤，而导致 EED 提前作用或敏感度发生变化等事故。美国通用研究所的研究表明，当闪电磁场脉冲达到 0.07 Gs 时，无屏蔽的计算机会产生误动作；当闪电磁场脉冲达到 2.4 Gs 时，就可以使晶体管、集成电路等遭到永久性损坏。

LEMP 对 EED 的能量耦合方式有两种：一是传导方式，即通过直接的电气通道向 EED 注入 LEMP 能量；二是 LEMP 通过空中电磁辐射，向电火工品输入 LEMP 能量，这时 EED 的发火线就起着接收天线的作用。不同的发火线结构有不同的接收模式。当 EED 的一个端子与地 (整体尺寸比 EED 电路本身大的任何导电结构，它们可以是运载装置、子弹药、整弹、装备或地球自身) 相连的连接点距 EED 本身小于 10 mm 时，不管该结构是否用作回路，都认为该电路是单极的，其他所有连接形式都被认为是双极的。其中典型 EED 如导电药式、薄膜桥式和电雷管都是带有金属外壳或本体的，一般它们都属于单极的。

1. 传导耦合

雷电可以在 EED 及其发火线等附件上感应出相当大的雷电电流。单极屏蔽线虽然可以通过采用屏蔽和滤波的方法，把单极发火系统设计成在规定辐射环境中能保持安全和可使用，但安全开关仍然易于由武器结构内因 LEMP (或其他形式的 EMI) 感应的大电流而产生电压击穿。双极屏蔽系统可以避免这一问题。对于与 EED 并联的单极发火系统，因为 EED 的发火线路能够形成电路的回路，在该回路中安全开关与感应的电流也不能防护，LEMP 照样能对其造成破坏。

雷击在金属构件上的放电主要由雷击产生的放电电流引起，该电流在几微秒内可以上升到 200 kA 并经几十或几百微秒下降到零。高电流沿着最简单的通道入地，在这种情况下，能够熔断导线并烧毁电气设备。该电流通路中的任何电阻或电感可能产生足够幅度的高压，击穿绝缘体和使附近接地体或电路短路。此外，由第一次电流流动产生的磁场可以感应出足够幅度的第二次电流进入相临发火线路，直接使 EED 发火，或由于过早通电使安全断路开关和发火开关工作而使 EED 发火。这种电流在武器结构上的各个接地点之间可以形成很高的电压，因此对单电极地线回路系统尤为危险。

2. 辐射耦合

当 EED 的发火线处于辐射场中时，能起天线作用，并能从辐射场中接收能量，接收能量的大小将取决于接收线与辐射场的有关物理参数和电参数。高于地面的单极电路起一个单极天线的作用，独立的双极电路起偶极天线的作用。位于均匀电磁场中的完全隔离的两根导线 EED 电路，其脚线中能感应出振幅与相位几乎相同的电流。

如果电路的任何部分接地或接触地，则会提供共模电流的通路，使电荷泄放；如果该通道具有高阻抗 (如在桥丝式 EED 脚线和接地的包层金属壳体之间的阻抗)，则可能会积累很高的电压，在 EED 中引起电压击穿而导致非正常的起爆 (脚-壳起爆)。如果电磁辐射是脉冲的，这种效应就特别重要，因为可能存在极高的瞬时电压。对于双导线 EED 而言，如果存在因两导线弯曲或打卷而造成不对称，则不对称两边的网络电流不同将使平衡模式的电流加强，对 EED 构成更大的威胁，所以一般应采用双极电路。双极电路在共模式中也可以呈现辐射接收特性，它可能通过直接的脚-壳击穿效应，或通过由电路的不对称而引起的共模式向平衡模式接受的转换而使 EED 起爆。

1.4 电磁脉冲效应

电磁脉冲是电磁环境的组成部分。现代战争中，不论地面、空中、海上武器系统都处在强烈和复杂的电磁环境中，其中尤以电磁脉冲最为突出。这些电磁环境干扰耦合到武器系统内部，使电路性能遭到破坏，危及系统作战任务的完成。如果电磁脉冲作为杀伤性武器使用，其破坏力将大大超过一般的电磁环境[11]。

1.4.1 电磁脉冲特点

电磁脉冲波是电磁波的一种波形，传播方式主要以电磁辐射为主，遇到物体后可转化为传导方式。电磁脉冲波传播的距离较远，一般可达数十千米以至数千千米，而脉冲的传导仅为数千米，总的来说，脉冲波的作用范围是比较大的。

电磁脉冲的特点是电磁能量可以在短时间内聚集。例如，核电磁脉冲宽度为几十纳秒；雷电脉冲宽度为几十至几百微秒。电磁脉冲的平均能量或功率并不是非常大，但所产生的瞬态脉冲功率可达数十兆瓦，例如，雷电电场强度可达 100 kV/m，雷击电流达 150 kA。常见的电磁脉冲峰值可达 1500~2500 V/m，最大可达 50 kV/m 以上。电磁脉冲侵入电子或电气系统后，由于其脉冲特性，可对电子、电气系统产生不同程度的影响。与连续波不同的是，脉冲幅度高，瞬态电磁能量大，造成的破坏作用大；由于脉冲电路对脉冲信号的敏感特性，较小的电磁脉冲能量就能引起电路的敏感；电磁脉冲所占的频段和频率范围不同，电磁脉冲效应也不同。所以，电磁脉冲的危害和作用范围是比较广泛的。

电磁脉冲干扰源主要有自然干扰源和人为干扰源。最典型的自然电磁干扰源是雷电及雷电波，它是低频 (频率为几十千赫兹) 无调制高强度干扰源；人为干扰源有雷达产生的脉冲调制波，利用化学、核能产生的无调制脉冲波和电子对抗干扰机产生的多种波形干扰。以下主要针对人为电磁脉冲进行探讨。

1.4.2 电磁脉冲危害

根据电磁脉冲所造成的影响，按其危害程度可以分为以下三种类型。

1. 器件损坏和功能损失

器件损坏是指器件的物理、化学特性遭到破坏。例如，半导体器件的过电应力击穿，或过热使 PN 结烧毁。系统的功能损失是指系统内重要器件损坏和系统集成连接部件的损坏、系统特性改变。

这一类危害是最严重的一种破坏方式，也是电磁脉冲最主要的一种电磁效应。为了降低或减少电磁脉冲破坏，主要通过外壳体的屏蔽和端口的隔离，使侵入系统的电磁脉冲能量减少，把危害程度降到最低。

2. 短期失效和短期回避

这类危害是指系统内的器件和系统本身在电磁脉冲作用期间的损失功能，但脉冲过后，过一段时间又能恢复功能。例如，某些半导体器件在电冲击后，过一段时间器件又恢复正常工作。

短期回避与一般短期失效概念不同的是可以预设保护装置，在电磁脉冲侵入期间，实现保护装置对系统进行保护。例如，在接收系统前端装保护放电管或保护装置，就能达到这个目的。还有一种称作回避技术，就是在预定时间内系统暂停工作，并处于电磁脉冲保护状态。例如，用耐压开关或继电器把接收天线、接口信号、电源等输入信号切断，就可以避免电子设备受电应力冲击损害。上述对短期失效采用回避技术，使电子或电气系统在电磁脉冲期间能生存下来，也是电磁脉冲防护的另一种重要技术。

3. 部分功能下降

当电磁脉冲能量较小，系统内器件未损坏，但由于电磁脉冲信号侵入系统内部，只对部分功能和系统精度产生不良影响，这种影响认为电磁脉冲是较低功能干扰脉冲串。它类似于噪声对系统产生的影响，但与噪声又有区别。例如，雷达脉冲波侵入系统内，对飞行器的控制精度会产生较大影响，因此抑制雷达脉冲波对飞行器的影响，也成为电磁脉冲效应防护的重要研究内容。

雷电波和核 (非核) 电磁脉冲所产生的电磁效应主要是 1 类和 2 类电磁效应，而雷达调制脉冲波在近距离也可能产生 1 类和 2 类电磁效应，但更大程度上是产生 3 类功能下降的电磁效应。

1.4.3 电磁脉冲对典型装备作用效应

由于不同装备的工作特性和效应特点不同，电磁脉冲对其破坏或影响机制是不同的，分别对其分析以从中找到更有效的防护方法。

1. 对电子元器件的作用效应

在电磁脉冲环境中，脉冲能量可能造成电子元器件的永久性损坏，最典型的是半导体器件烧毁，还有可能是电阻器、电容器、电感、继电器以及变压器烧毁。

半导体器件损伤原因大多数是由于 PN 结过热，或者过电应力击穿，损坏与电磁脉冲能量阈值有关。这种使器件永久性损坏属于 1 类危害。而对电子线路而言，使电路产生敏感的阈值就低得多，大约为 10^{-8} ~10^{-6} J，比烧毁阈值低 1~2 个数量级，对不同电子逻辑电路，其损坏或敏感机制也有所区别，因而阈值也不相同。

1) 计算机存储器

所有只读存储器 (read-only memory, ROM) 电路结构都包含有地址译码器、存储单元矩阵和输出缓冲器，地址译码器输出线称为字选线，缓冲器输出线称为数据线，其交叉点装有存储单元，即接有二极管或三极管时相当于 1，不接半导体器件时相当于 0。可编程只读存储器 (programmable read-only memory, PROM) 交叉点是接三极管，在它的发射极上串接一个快速熔断丝，采用某种方法使较大脉冲电流流过熔断丝，使熔丝断开，该交叉点就存储。当上述二极管、三极管通过比工作电压、电流大得多的电磁脉冲，这些电磁脉冲主要来自数据端口和电源端口，可使二极管、三极管损坏或者产生不必要的熔断丝断开，使原有存储数据或程序混乱。

2) 触发器

用两个或非门或者用两个与非门，一个门的输出端连到另一个门的输入端，形成对称电路，其中，一个门的输入端称为置位端；而另一个门的输入端称为复位端。这种最基本的触发器电路，只要存在电磁脉冲干扰，特别是电磁脉冲与原触发脉冲不一致时，就会引起误触发，也就是触发器对电磁脉冲敏感。如果使用三态门，引入同步脉冲或称为封闭门，就可以在很大程度上抑制电磁脉冲。按此原理，在计算机数据线上引入称作“看门狗”的电路，可以提高计算机抗电磁干扰能力。

3) 可控硅

可控硅是四层半导体器件，引出阳极 A、阴极 K 和控制极 G。与一般晶体管相比，可控硅不具有阳极电流随控制极电流按比例增大的电流放大作用，只是控制极电流增大到某一数值时，完成阳极到阴极电流的导通突变，而且一旦导通，不受控制极控制，直到通过电流减小到某一维持电流，才能恢复阻断状态。如上所述，当触发电压和触发电流达到一定数值时，可控硅导通，如果在控制极电路上存在电磁脉冲干扰，可引发可控硅产生误触发；如果在可控硅阴极和阳极两端加上正极性电磁脉冲，当幅度足够大时，由于结电容作用，电磁脉冲形成充电电流，所产生的瞬态电压变化率超过一定值时，也可引发可控硅误触发。

4) 电子器件的截止频率和反应时间

模拟电路使用的器件由于结电容存在，在高频时阻抗变得很小，在器件电极上难以建立正常的工作电压。因而出现了器件的临界频率，即截止频率，一般器件工作的最高频率为截止频率的 1/3~1/2。当电磁脉冲侵入模拟电路，如果电磁脉冲频率高于截止频率，模拟电路对电磁脉冲不敏感。在数字电路中应用的半导体器件由于结电容和存储时间，使器件的输出波形有延时，脉冲前沿如果与后沿相接，就形成三角波。当脉冲很窄时，前、后沿靠得很近，使三角波幅度下降，直至电路不能工作。这种效应表明，当电磁脉冲非常窄时，也会出现对电磁脉冲不敏感。利用这种模拟电路器件对高频不敏感、数字电路器件对很窄脉冲不敏感的特性，可以提高电子线路的抗电磁干扰的能力。

2. 对地下传输电缆的影响

电磁脉冲波通过空间传播，到达埋设电缆的土壤，并通过土壤和电缆接触的屏蔽层，耦合到电缆芯线引起感应电流。从大地表面到地下电缆芯线单位长度的阻抗为

$$Z = Z_{\mathrm{g}} + Z_{\mathrm{i}} + \mathrm{j}\omega L \tag{1-1}$$

其中，Z_{g} 为大地内阻抗；Z_{i} 为电缆屏蔽层的内阻抗；$\mathrm{j}\omega L$ 为绝缘层的感抗（屏蔽层到芯线的耦合电感）。

在实际应用中，大地内阻抗 Z_{g} 远大于电缆屏蔽层内阻抗 Z_{i} 和感抗 $\mathrm{j}\omega L$，由此可对阻抗进行近似计算。

假设电缆两端是匹配的，则电缆上电压、电流与长度无关，也不存在驻波。因为电缆埋深与电磁场在地中的渗透深度相关性不大，土壤衰减可以忽略，所以电缆附近的场强与地表面电磁场强基本相同。由此经过计算可知，对于指数脉冲入射场，电缆中感应电流的峰值为

$$I_{\mathrm{p}} = 0.61 I_0 \tag{1-2}$$

其中，I_0 为入射场电流。

峰值电流出现的时间为

$$t_{\mathrm{p}} = 0.85\tau \tag{1-3}$$

其中，τ 为入射波指数的时间常数。

3. 对供电线的影响

电磁脉冲对供电线的影响首先表现为感应产生大的电压和电流；其次对大的脉冲电流而言，还会引起供电线间相互吸引的冲击力，导致供电线因冲击而断开。对雷电而言，雷电流在放电通道产生了强大的脉冲磁场，这一脉冲磁场也会在供

电线上产生感应电压。当闪电落地点与供电线距离大于 65 m 时，测试表明供电导线上感应电压最大值可达 300~400 kV，这对 35 kV 以下供电线可引起闪络，但对 110 kV 以上供电线路，由于绝缘水平较高，一般不会引起闪络。

4. 对无线通信的影响

雷达脉冲波可使通信系统、角度观测器的跟踪性能指标下降，直接影响系统的效能。这里所说的通信是指电子设备之间的信息交换，包括有线通信和无线通信。电磁脉冲干扰可能引起误码率，影响交换信息的正确性，并且还影响转换为图像或声音的质量。

从传输特性方面看到的误码率问题，在脉冲编码调制 (pulsecode modulation, PCM) 中继器内，当信号峰值与瞬时噪声幅度值之比所构成的瞬时信号噪声比 S/N 小于识别电平时，就产生误码。考虑到误码是由增码错误和漏码错误组成的，而噪声一般不包含直流成分，假定脉冲出现的概率为 1/2，则识别电平即识别时门限值的最佳值，为信号波峰值的 1/2。因此，瞬时 S/N 为 2，即 6 dB 是发生误码的临界值。

5. 对幅相跟踪无线电设备的影响

幅相跟踪体制的无线电接收设备应用在无线电测角、跟踪雷达和主动、半主动导引头。该接收设备的特点是多路接收，并通过相位检测器输出，设备具有零点和过零点的误差斜率曲线，与伺服控制系统配合实现零点跟踪。

研究表明，单个电磁脉冲对偏离角误差影响不大；相反，如果电磁干扰是脉冲串，并可由接收机输出，那么引起的偏离角误差就较大，一般可以把外界的电磁干扰当作系统内部的噪声。如果接收机输入端干扰或噪声的功率谱密度为固定值时，接收机等效带宽和伺服 (闭合) 回路的等效带宽越窄，偏离角就越小，但此时伺服系统的动态性能也会变差。如果电磁脉冲干扰的频谱大部分落在接收机等效带宽以外，其值要通过接收机带外抑制度修正，修正值比原来要小得多，电磁干扰对偏离角影响就不大了。

1.5　高功率电磁脉冲环境

高功率电磁脉冲环境是指高功率电磁脉冲武器在装备外部产生的电磁场的特性，主要指标有电场强度峰值、电场的时域波形 (包括脉冲半高宽、上升时间、频率范围和脉冲重复频率等)。电场强度峰值主要取决于源的峰值功率、天线的增益和电磁脉冲武器的作用距离。考虑到高功率电磁脉冲仍在发展之中，峰值功率按未来可能达到的水平计算,即超宽带高功率微波的峰值功率均按 100 GW 计算。天线增益主要和天线形式、尺寸、频带有关，天线的尺寸受武器平台的限制[11,15,16]。

对于地面装备而言，电磁打击武器的平台有两种，一种是机载，另一种是采用电磁炸弹方式，这两种方式天线的尺寸不可能太大。对于机载窄带高功率微波武器而言，天线增益一般小于 40 dB；对于弹载窄带高功率微波武器，天线增益一般小于 20 dB；而超宽带高功率微波武器的天线增益一般均小于 20 dB。武器的作用距离主要和武器平台、作战方式有关，机载的武器系统考虑到战机本身的安全，武器的作用距离一般应大于 2000 m；弹载式或投掷式武器，考虑到武器的作用半径和爆炸高度的控制，武器的作用距离一般应大于 100 m。根据以上分析，我们可将这些参数总结如表 1-2 所示。

表 1-2　高功率电磁脉冲武器的天线增益和作用距离

武器平台	天线增益/dB	作用距离/m
机载窄带高功率微波武器	40	2000
弹载窄带高功率微波武器	20	100
超宽带高功率微波武器	20	100

设峰值功率为 P_{pk}，电场峰值为 E_{pk}，天线增益为 G，作用距离为 r，则有如下关系：

$$E_{\mathrm{pk}}=\frac{1}{r}\sqrt{60P_{\mathrm{pk}}G} \tag{1-4}$$

若天线增益按 dB 计，则有

$$E_{\mathrm{pk}}=\frac{1}{r}\sqrt{60P_{\mathrm{pk}}10^{G/10}} \tag{1-5}$$

将表 1-2 的参数代入式 (1-5) 可计算出装备面临的高功率电磁脉冲环境的电场峰值。

对于机载窄带高功率微波武器：

$$E_{\mathrm{pk}}=\begin{cases}1.2\times10^5\ \mathrm{V/m}, & f\leqslant 10\mathrm{GHz}\\ \dfrac{1.2\times10^6}{f}\ \mathrm{V/m}, & f>10\mathrm{GHz}\end{cases} \tag{1-6}$$

其中，f的单位为 GHz。

对于超宽带高功率微波武器：

$$E_{\mathrm{pk}}=\frac{1}{100}\sqrt{60\times10^{11}\times10^{2}}=2.4\times10^{5}\ \mathrm{V/m} \tag{1-7}$$

对于弹载窄带高功率微波武器：

$$E_{\mathrm{pk}}=\begin{cases}2.5\times10^{5}\ \mathrm{V/m}, & f\leqslant 10\mathrm{GHz}\\ \dfrac{2.5\times10^{6}}{f}\ \mathrm{V/m}, & f>10\mathrm{GHz}\end{cases} \tag{1-8}$$

其中，f 的单位为 GHz。

通过上面的分析可以看到，装备在战场上将面临极其复杂的电磁环境。为增强装备的电磁防护能力，一种常用的方法就是将相关电子设备封装于箱体内。因此，研究并提高装备箱体屏蔽效能具有重要的意义。

参 考 文 献

[1] 周璧华, 陈彬, 高成. 现代战争面临的高功率电磁环境分析. 微波学报, 2002, 18(1): 88-92.
[2] 李传胪. 新概念武器. 北京: 国防工业出版社, 1999.
[3] 陈彬. 高技术条件下的信息战与国防工程抗电磁毁伤//走向科技前沿——“三个一”计划培养对象研修班文集. 北京: 军事谊文出版社, 1999.
[4] 孙国至, 刘尚合, 陈京平, 等. 战场电磁环境效应对信息化战争的影响. 军事运筹与系统工程, 2006, 20(3): 43-47.
[5] 戎建刚, 王鑫, 魏建宁. 威胁电磁环境的分级方法. 航天电子对抗, 2013, 29(6): 33-36.
[6] 刘义, 赵晶, 刘佳楠, 等. 基于作战效能的战场电磁环境分级描述方法. 系统工程与电子技术, 2011, 33(5): 1059-1062.
[7] 赵严冰, 袁兴鹏. 舰载雷达对抗侦察装备试验电磁环境分级方法研究. 舰船电子工程, 2013, (9): 161-164.
[8] 菅义夫. 静电手册. 北京: 科学出版社, 1981.
[9] 刘尚合, 武占成, 朱长清, 等. 静电放电及其危害防护. 北京: 北京邮电大学出版社, 2004.
[10] 贺其元, 刘尚合, 徐晓英, 等. 接近速度对空气静电放电特性的影响. 强激光与粒子束, 2007, 19(3): 524-528.
[11] 周璧华, 陈彬, 石立华. 电磁脉冲及其工程防护. 北京: 国防工业出版社, 2003.
[12] 熊秀, 骆立峰, 范晓宇, 等. 飞机雷电直接效应综述.飞机设计, 2011, 31(4): 64-68.
[13] 合肥航太电物理技术有限公司. 航空器雷电防护技术. 北京: 航空工业出版社, 2013.
[14] 魏明, 刘尚合, 翟景升. LEMP 成因与特性. 高电压技术, 2000, 26(4): 28-30.
[15] 白同云, 赵姚同. 电磁干扰与兼容. 长沙: 国防科技大学出版社, 1991.
[16] 赖祖武. 电磁干扰防护与电磁兼容. 北京: 原子能出版社, 1993.

第 2 章　FDTD 法及其在屏蔽分析中的应用现状

1966 年 Yee 提出了时域有限差分 (FDTD) 法[1]。把带时间变量的 Maxwell (麦克斯韦) 旋度方程转化为差分方程，差分格式中每个网格点上的电场 (或磁场) 分量仅与它相邻的磁场 (或电场) 分量及上一时间步该点的场值有关。在每个时间步上分别计算网格空间各点的电场和磁场分量，随着时间步的推进，就能模拟出电磁波与物体的相互作用过程[2-6]。

2.1　FDTD 法基本原理

战场电磁防护分析的数学方程往往是一组电磁场的微分方程或积分方程，求解时必须根据边界条件来解算。虽然现在的商业软件很多，但大多数都只是适应部分工作的需要。本书采取 FDTD 法完成对电磁屏蔽问题的分析、计算，该算法是一种全波分析法，由微分形式的麦克斯韦旋度方程出发进行差分离散，从而得到一组时域推进公式，在一定的空间和时间内对连续电磁场的数据取样。可以分析复杂的电磁结构和瞬态电磁问题，具有适用性广、计算效率高等特点。

考虑空间一个无源区域，其媒质的参数不随时间变化且各向同性，则麦克斯韦旋度方程可以写为

$$\nabla\times\boldsymbol{H}=\varepsilon\frac{\partial\boldsymbol{E}}{\partial t}+\sigma\boldsymbol{E}\tag{2-1}$$

$$\nabla\times\boldsymbol{E}=-\mu\frac{\partial\boldsymbol{H}}{\partial t}-\sigma\boldsymbol{H}\tag{2-2}$$

其中，$\boldsymbol{E}$ 是电场强度；$\boldsymbol{H}$ 是磁场强度；ε 是介电常数；σ 是媒质电导率；μ 是磁导率。在直角坐标系中，写成分量式为

$$\varepsilon\frac{\partial E_x}{\partial t}+\sigma E_x=\frac{\partial H_z}{\partial y}-\frac{\partial H_y}{\partial z}\tag{2-3}$$

$$\varepsilon\frac{\partial E_y}{\partial t}+\sigma E_y=\frac{\partial H_x}{\partial z}-\frac{\partial H_z}{\partial x}\tag{2-4}$$

$$\varepsilon\frac{\partial E_z}{\partial t}+\sigma E_z=\frac{\partial H_y}{\partial x}-\frac{\partial H_x}{\partial y} \tag{2-5}$$

$$\mu\frac{\partial H_x}{\partial t}+\sigma H_x=\frac{\partial E_y}{\partial z}-\frac{\partial E_z}{\partial y} \tag{2-6}$$

$$\mu\frac{\partial H_y}{\partial t}+\sigma H_y=\frac{\partial E_z}{\partial x}-\frac{\partial E_x}{\partial z} \tag{2-7}$$

$$\mu\frac{\partial H_z}{\partial t}+\sigma H_z=\frac{\partial E_x}{\partial y}-\frac{\partial E_y}{\partial x} \tag{2-8}$$

这 6 个耦合偏微分方程是 FDTD 法算法的基础。

1966 年，Yee 对上述 6 个耦合偏微分方程引入了一种差分格式[1]。按照 Yee 的差分算法，首先在空间建立矩形差分网格，网格节点与一组相应的整数标号一一对应

$$\left(i,j,k\right)=\left(i\Delta_x,j\Delta_y,k\Delta_z\right) \tag{2-9}$$

而该点的任一函数 $F(x,y,z,t)$ 在时刻 $n\Delta t$ 的值可以表示为

$$F^n(i,j,k)=F(i\Delta_x,j\Delta_y,k\Delta_z,n\Delta t) \tag{2-10}$$

其中，$\Delta_x,\Delta_y,\Delta_z$ 分别为矩形网格沿 x,y,z 方向的空间步长；Δt 是时间步长。Yee 采用了中心差分来代替对时间、空间坐标的微分，具有二阶精度。

$$\frac{\partial F^n(i,j,k)}{\partial t}=\frac{F^{n+\frac{1}{2}}(i,j,k)-F^{n-\frac{1}{2}}(i,j,k)}{\Delta t} \tag{2-11}$$

$$\frac{\partial F^n(i,j,k)}{\partial x}=\frac{F^n\left(i+\frac{1}{2},j,k\right)-F^n\left(i-\frac{1}{2},j,k\right)}{\Delta_x} \tag{2-12}$$

为获得式 (2-11) 的精度，Yee 将电场和磁场在时间上相差半个步长交替计算。为了获得式 (2-12) 的精度，并满足式 (2-3)~式 (2-8)，Yee 将空间任一矩形网格上的电场和磁场的 6 个分量的放置如图 2-1 所示，每个磁场分量由 4 个电场分量环绕着；反过来，每个电场分量也由 4 个磁场分量所环绕，这就是著名的 Yee 网格。按照这些原则，可将式 (2-3)~式 (2-8) 转化为差分方程。

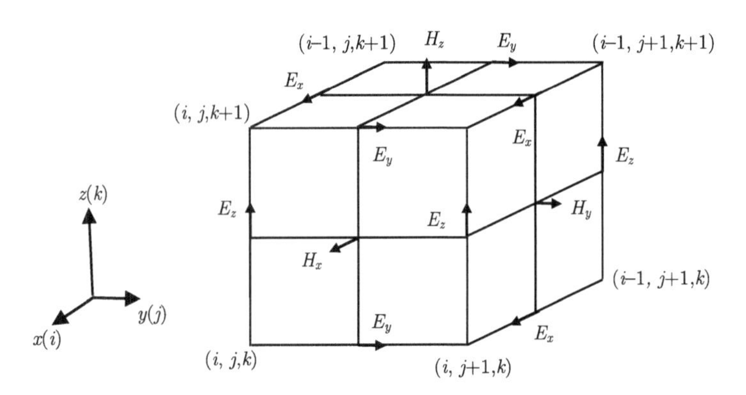

图 2-1　Yee 网格场量分布图

电场以 E_x 分量为例

$$
\begin{aligned}
E_x^{n+1}\left(i+\frac{1}{2},j,k\right) = & CA\left(i+\frac{1}{2},j,k\right)\cdot E_x^{n}\left(i+\frac{1}{2},j,k\right) \\
& + CB\left(i+\frac{1}{2},j,k\right)\cdot\left[H_z^{n+\frac{1}{2}}\left(i+\frac{1}{2},j+\frac{1}{2},k\right)-H_z^{n+\frac{1}{2}}\left(i+\frac{1}{2},j-\frac{1}{2},k\right)\right. \\
& \left. -H_y^{n+\frac{1}{2}}\left(i+\frac{1}{2},j,k+\frac{1}{2}\right)-H_y^{n+\frac{1}{2}}\left(i+\frac{1}{2},j,k-\frac{1}{2}\right)\right]
\end{aligned}
\tag{2-13}
$$

其中，

$$
CA\left(i+\frac{1}{2},j,k\right)=\frac{2\varepsilon\left(i+\frac{1}{2},j,k\right)-\sigma\left(i+\frac{1}{2},j,k\right)\cdot\Delta t}{2\varepsilon\left(i+\frac{1}{2},j,k\right)+\sigma\left(i+\frac{1}{2},j,k\right)\cdot\Delta t}
\tag{2-14}
$$

$$
CB\left(i+\frac{1}{2},j,k\right)=\frac{2\Delta t\,/\,\delta}{2\varepsilon\left(i+\frac{1}{2},j,k\right)+\sigma\left(i+\frac{1}{2},j,k\right)\cdot\Delta t}
\tag{2-15}
$$

磁场以 H_z 分量为例

$$
\begin{aligned}
H_z^{n+\frac{1}{2}}\left(i+\frac{1}{2},j+\frac{1}{2},k\right) &= CP\left(i+\frac{1}{2},j+\frac{1}{2},k\right)\cdot H_z^{n-\frac{1}{2}}\left(i+\frac{1}{2},j+\frac{1}{2},k\right) \\
&\quad + CQ\left(i+\frac{1}{2},j+\frac{1}{2},k\right)\cdot\left[E_x^n\left(i+\frac{1}{2},j+1,k\right)-E_x^n\left(i+\frac{1}{2},j,k\right)\right. \\
&\quad \left. -E_y^n\left(i+1,j+\frac{1}{2},k\right)+E_y^n\left(i,j+\frac{1}{2},k\right)\right]
\end{aligned} \tag{2-16}
$$

其中，

$$
CP\left(i+\frac{1}{2},j+\frac{1}{2},k\right)=\frac{2\varepsilon\left(i+\frac{1}{2},j+\frac{1}{2},k\right)-\sigma_m\left(i+\frac{1}{2},j+\frac{1}{2},k\right)\cdot\Delta t}{2\mu\left(i+\frac{1}{2},j+\frac{1}{2},k\right)+\sigma_m\left(i+\frac{1}{2},j+\frac{1}{2},k\right)\cdot\Delta t} \tag{2-17}
$$

$$
CQ\left(i+\frac{1}{2},j,k\right)=\frac{2\Delta t\,/\,\delta}{2\mu\left(i+\frac{1}{2},j+\frac{1}{2},k\right)+\sigma_m\left(i+\frac{1}{2},j+\frac{1}{2},k\right)\cdot\Delta t} \tag{2-18}
$$

其余 4 个场分量的差分方程可类似得出。

每一个网格点上各电场 (磁场) 分量的新值依赖于该点在前一时刻的值及该点周围邻近点上磁场 (电场) 分量早半个时刻的值。通过各场分量的差分方程，逐个时间步长对模拟区域各网格点的电场、磁场交替进行计算，在执行到适当的时间步数后，即可获得需要的时域数值结果。

归纳起来，Yee 算法的主要特点有：

(1) 采用耦合的麦克斯韦旋度方程，同时在时间和空间上求解电场和磁场，而不是采用波动方程只求解电场或磁场。同时使用电场和磁场的信息比只使用其中一个的优点是获得的解更稳固，即算法可以适用非常广泛的电磁物理结构，并且电场和磁场的特性可以更直接的模拟。同时求解电场和磁场，每一种场的独立特性，如边缘和角处切向磁场的奇异性、细导线附近磁场的奇异性以及靠近点、边缘和细导线处径向电场的奇异性就能够独立地模拟。

(2) Yee 网格使得每一个 $\boldsymbol{E}$ 或 $\boldsymbol{H}$ 分量由四个 $\boldsymbol{H}$ 或 $\boldsymbol{E}$ 循环的分量所环绕，在三维空间中体现了 Faraday (法拉第) 定理和 Ampère (安培) 定理，保证了 Yee 算法同时模拟了麦克斯韦方程的微分形式和积分形式。后者对于处理边界条件和奇异性是极其有用的。

(3) Yee 算法在某一时刻，使用前一时刻的 $\boldsymbol{E}$ 数据计算所有 $\boldsymbol{H}$ 分量；再使用刚才计算的 $\boldsymbol{H}$ 数据计算所有的 $\boldsymbol{E}$ 分量。如此循环，直至完成时间步进过程。整个过程是全显式的，所以完全避免了因求解联立方程和矩阵求逆所带来的问题。时间步进算法是无数值损耗的，即在网格中传播的数值波并不产生寄生衰减。

2.2 吸收边界条件

除了一些全封闭导体的问题，一般用 FDTD 法求解电磁场问题时的计算域总是开放的。所取的问题域越大，要求存储量越大。由于计算机容量的限制，计算只能在有限区域进行。为了让有限的计算域和无限空间等效，必须对有限计算域的边界作特殊处理。在计算区域的截断边界处必须设置吸收边界条件 (absorbing boundary condition, ABC)[7]，可使电磁波在边界处无明显的反射以免影响计算域内场的分布。

20 世纪 70~80 年代出现的吸收边界条件[7-10]反射系数一般在 0.5%~5.0%的范围内。我们通常希望 FDTD 法能够模拟的动态范围与无反射暗室动态范围相比拟，以便理论值可以与测量结果相比较。一般暗室可以获得低于–70 dB 的有效无反射区，没有 ABC 理论的新进展，这一点是无法做到的。Berenger 的“理想匹配层”法正是这种进展之一[7]，Berenger 基于二维 FDTD 法网格提出的完全匹配层 (perfectly matched layer, PML) 吸收边界条件获得了比以前任何方法都要好的吸收特性，为人们广泛采用并不断发展[11-18]。

2.2.1 PML 吸收边界条件的基本原理

PML 的概念是由 Berenger 于 1994 年 10 月首先提出[7]。这种方法实际上属于损耗吸收边界条件，其根本是构造了一种非物理的吸收媒质与 FDTD 法网格外部边界相连，该吸收媒质具有与外向散射波的入射角和频率均无关的波阻抗。入射波以任意角度入射到 PML 媒质交界面时将会无反射地进入 PML 媒质中，并在 PML 媒质中迅速地衰减。PML 媒质的最外层用电壁封住，透入吸收层的电磁波遇到电壁后产生反射，回到计算域前在 PML 媒质中再次衰减，这样反射回计算域的电磁波已非常小。

现在我们来描述 PML 的基本方程和基本原理。自由空间与 PML 的分界面如图 2-2 所示。PML 最初的推导比较烦琐，下面根据复频域中的坐标伸缩变换[7]直接给出完全匹配层中的麦克斯韦方程，并在此基础上推导差分方程。

复频域中的麦克斯韦方程为

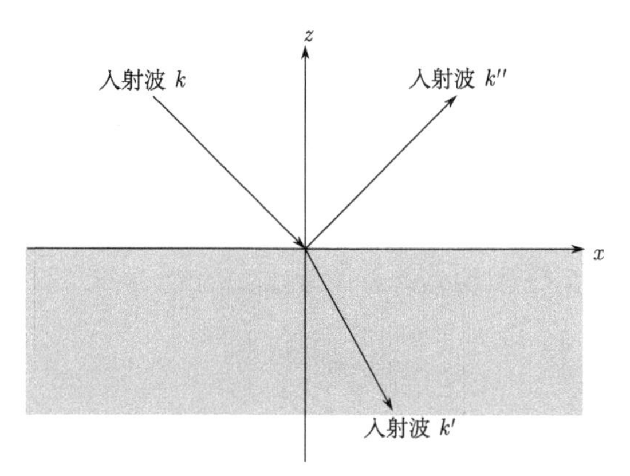

图 2-2　自由空间与 PML 的分界面

$$\mathrm{j}\omega\mu_0 H_x = \frac{1}{\lambda_z}\frac{\partial E_y}{\partial z} - \frac{1}{\lambda_y}\frac{\partial E_z}{\partial y} \tag{2-19}$$

$$\mathrm{j}\omega\mu_0 H_y = \frac{1}{\lambda_x}\frac{\partial E_z}{\partial x} - \frac{1}{\lambda_z}\frac{\partial E_x}{\partial z} \tag{2-20}$$

$$\mathrm{j}\omega\mu_0 H_z = \frac{1}{\lambda_y}\frac{\partial E_x}{\partial y} - \frac{1}{\lambda_x}\frac{\partial E_y}{\partial x} \tag{2-21}$$

$$\mathrm{j}\omega\varepsilon_0 E_x = \frac{1}{\lambda_y}\frac{\partial H_z}{\partial y} - \frac{1}{\lambda_z}\frac{\partial H_y}{\partial z} \tag{2-22}$$

$$\mathrm{j}\omega\varepsilon_0 E_y = \frac{1}{\lambda_z}\frac{\partial H_x}{\partial z} - \frac{1}{\lambda_x}\frac{\partial H_z}{\partial x} \tag{2-23}$$

$$\mathrm{j}\omega\varepsilon_0 E_z = \frac{1}{\lambda_x}\frac{\partial H_y}{\partial x} - \frac{1}{\lambda_y}\frac{\partial H_x}{\partial y} \tag{2-24}$$

其中，λ_x，λ_y，λ_z 分别为

$$\lambda_x = 1 - \mathrm{j}\frac{\sigma_x}{\omega\varepsilon_0} = 1 - \mathrm{j}\frac{\sigma_x^*}{\omega\mu_0} \tag{2-25}$$

$$\lambda_y = 1 - \mathrm{j}\frac{\sigma_y}{\omega\varepsilon_0} = 1 - \mathrm{j}\frac{\sigma_y^*}{\omega\mu_0} \tag{2-26}$$

$$\lambda_z = 1 - \mathrm{j}\frac{\sigma_z}{\omega\varepsilon_0} = 1 - \mathrm{j}\frac{\sigma_z^*}{\omega\mu_0} \tag{2-27}$$

运用切向波数、法向波阻抗匹配法可以得出，当满足以下条件时，PML 对电

磁波不产生反射 (以法向为 z 方向的 PML 为例)：

$$\sigma_x = \sigma_y = \sigma_z = 0,\ \frac{\sigma_z}{\varepsilon_0} = \frac{\sigma_z^*}{\mu_0} \tag{2-28}$$

以式 (2-27) 为例，将频域偏微分方程转化为时域形式并进一步得到 FDTD 方程。将 E_x 分裂成两个分量 E_{xy} 和 E_{xz}，则式 (2-22) 可以写成

$$\mathrm{j}\omega\varepsilon_0 E_{xy} = \frac{1}{\lambda_y}\frac{\partial H_z}{\partial y} \tag{2-29}$$

$$\mathrm{j}\omega\varepsilon_0 E_{xz} = -\frac{1}{\lambda_z}\frac{\partial H_y}{\partial z} \tag{2-30}$$

$$E_x = E_{xy} + E_{xz} \tag{2-31}$$

将 λ_y，λ_z 代入式 (2-29) 和式 (2-30) 得

$$(\mathrm{j}\omega\varepsilon_0 + \sigma_y)E_{xy} = \frac{\partial H_z}{\partial y} \tag{2-32}$$

$$(\mathrm{j}\omega\varepsilon_0 + \sigma_z)E_{xz} = -\frac{\partial H_y}{\partial z} \tag{2-33}$$

通过 Fourier (傅里叶) 反变换将式 (2-32) 和式 (2-33) 变换到时域上：

$$\mathrm{j}\omega\varepsilon_0\frac{\partial E_{xy}}{\partial t} + \sigma_y E_{xy} = \frac{\partial H_z}{\partial y} \tag{2-34}$$

$$\mathrm{j}\omega\varepsilon_0\frac{\partial E_{xz}}{\partial t} + \sigma_z E_{xz} = -\frac{\partial H_y}{\partial z} \tag{2-35}$$

由于波在 PML 媒质中衰减太快，标准的 Yee 时间步进可能无法使用，因此，Berenger 建议采用指数时间步进。以式 (2-35) 为例，可以将其看作 E_{xz} 的一阶常微分方程，它具有齐次解和特解。齐次解为

$$E_{xz_{\mathrm{hornog}}} = c\mathrm{e}^{-\sigma_z t/\varepsilon_0} \tag{2-36}$$

设

$$E_{xz_{\mathrm{hornog}}}^{n+1} = c\mathrm{e}^{-\sigma_z t/\varepsilon_0}E_{xz_{\mathrm{hornog}}}^{n} \tag{2-37}$$

特解为

$$E_{xz_{\text{part}}}(t')=\left(-\frac{1}{\varepsilon_0}\frac{\partial H_y}{\partial z}\int \mathrm{e}^{\int\frac{\sigma_z}{\varepsilon_0}\mathrm{d}t'}\mathrm{d}t'+K\right)\mathrm{e}^{\int\frac{\sigma_z}{\varepsilon_0}\mathrm{d}t'}=-\frac{1}{\sigma_z}\frac{\partial H_y}{\partial z}+K\mathrm{e}^{-\frac{\sigma_z t'}{\varepsilon_0}} \tag{2-38}$$

由 $E_{xz_{\text{part}}}(t'=0)=0$，得 $K=\dfrac{1}{\sigma_z}\dfrac{\partial H_y}{\partial z}$，

$$E_{xz_{\text{part}}}(t')=\frac{1}{\sigma_z}\frac{\partial H_y}{\partial z}\left(\mathrm{e}^{-\frac{\sigma_z t'}{\varepsilon_0}}-1\right) \tag{2-39}$$

而在现时间步

$$E_{xz_{\text{part}}}(t'=\Delta t)=\frac{1}{\sigma_z}\frac{\partial H_y}{\partial z}\left(\mathrm{e}^{-\frac{\sigma_z t'}{\varepsilon_0}}-1\right) \tag{2-40}$$

于是

$$E_{xz}\Big|_{i+1/2,j,k}^{n+1}=\mathrm{e}^{-\frac{\sigma_z t'}{\varepsilon_0}}E_{xz}\Big|_{i+1/2,j,k}^{n}+\frac{1}{\sigma_z\Delta_z}\left(\mathrm{e}^{-\frac{\sigma_z t'}{\varepsilon_0}}-1\right)\left(H_y\Big|_{i+1/2,j,k+1/2}^{n+1/2}-H_y\Big|_{i+1/2,j,k-1/2}^{n+1/2}\right) \tag{2-41}$$

对于其他场分量可以得到类似的公式。

2.2.2 CPML 吸收边界条件

PML 的缺点是不能很好地吸收凋落波，所以必须把 PML 设置在距散射体足够远的地方，以使凋落波衰减到足够小。而且模拟长时间信号时，PML 的吸收效果会受到很大的影响。

稍后的研究表明，卷积完全匹配层 (CFS-PML) 不仅可以吸收传输波，还可以高效吸收低频凋落波，只是该边界条件不便于实现。基于上述原因，一种改进的 CFS-PML 边界条件被提出[11,12]，称为基于卷积的 PML(convolution PML, CPML)。

CPML 的 FDTD 法实现形式完全独立于所截断媒质类型，可以不加修改地应用于非均匀、有耗、各向异性、色散和非线性等媒质。在 CPML 中，每个场分量只需两个辅助变量，可显著节省内存。该边界条件下不仅可以吸收传输波，还可以吸收低频凋落波，能够克服 PML 长时间计算带来的晚时反射，因此 CPML 可贴近散射体设置，减小计算区域。

下面介绍其实现原理，为不失一般性，考虑 CPML 截断有耗媒质空间，在扩

展坐标空间[13]，CPML 中安培定律的 x 分量可表述为

$$\mathrm{j}\omega\varepsilon E_x+\sigma E_x=\frac{1}{s_y}\frac{\partial}{\partial y}H_z-\frac{1}{s_z}\frac{\partial}{\partial z}H_y \tag{2-42}$$

其中，s_i 是扩展坐标参数，取 Kuzuoglu 和 Mittra 提出的值[10]。在这里

$$s_i=\kappa_i+\frac{\sigma_i}{\alpha_i+\mathrm{j}\omega\varepsilon_0},\quad i=x,y,z \tag{2-43}$$

其中，$\alpha_i>0;\sigma_i>0;\kappa_i\geqslant 1$。将式 (2-42) 变换到时域

$$\varepsilon_\mathrm{r}\varepsilon_0\frac{\partial E_x}{\partial t}+\sigma E_x=\overline{s_y}(t)*\frac{\partial}{\partial y}H_z-\overline{s_z}(t)*\frac{\partial}{\partial z}H_y \tag{2-44}$$

定义 $\overline{s_i}=s_i^{-1}$。根据 Laplace (拉普拉斯) 变换理论，$\overline{s_i}$ 的冲激响应为

$$\begin{aligned}\overline{s_i}(t)&=\frac{\delta(t)}{\kappa_i}-\frac{\sigma_i}{\varepsilon_0\kappa_i^2}\mathrm{e}^{-(\sigma_i/\kappa_i\varepsilon_0+\alpha_i/\varepsilon_0)t}u(t)\\&=\frac{\delta(t)}{\kappa_i}+\zeta_i(t)\end{aligned} \tag{2-45}$$

其中，$\delta(t)$ 为单位冲激函数；$u(t)$ 为阶跃函数。利用式 (2-45)，式 (2-44) 可转换到时域形式

$$\varepsilon_\mathrm{r}\varepsilon_0\frac{\partial E_x}{\partial t}+\sigma E_x=\frac{1}{\kappa_y}\frac{\partial}{\partial y}H_z-\frac{1}{\kappa_z}\frac{\partial}{\partial z}H_y+\zeta_y(t)*\frac{\partial}{\partial y}H_z-\zeta_z(t)*\frac{\partial}{\partial z}H_y \tag{2-46}$$

定义 $\zeta_i(t)$ 的离散冲激响应

$$\begin{aligned}Z_{0_i}(m)&=\int_{m\Delta t}^{(m+1)\Delta t}\zeta(\tau)\mathrm{d}\tau\\&=-\frac{\sigma_i}{\varepsilon_0\kappa_i^2}\int_{m\Delta t}^{(m+1)\Delta t}\mathrm{e}^{-(\sigma_i/\kappa_i\varepsilon_0+\alpha_i/\varepsilon_0)\tau}\,\mathrm{d}\tau\\&=a_i\mathrm{e}^{-(\sigma_i/\kappa_i+\alpha_i)\cdot(m\Delta t/\varepsilon_0)}\end{aligned} \tag{2-47}$$

其中，

$$a_i=\frac{\sigma_i}{\sigma_i\kappa_i+\kappa_i^2\alpha_i}\left[\mathrm{e}^{-(\sigma_i/\kappa_i+\alpha_i)\cdot(\Delta t/\varepsilon_0)}-1.0\right] \tag{2-48}$$

利用式 (2-47) 和式 (2-48)，将式 (2-46) 按 Yee 网格划分进行空间和时间离散可得

$$\varepsilon_{\mathrm{r}}\varepsilon_0 \frac{E_x^{n+1}\left(i+\frac{1}{2},j,k\right)-E_x^{n}\left(i+\frac{1}{2},j,k\right)}{\Delta t}+\sigma\frac{E_x^{n+1}\left(i+\frac{1}{2},j,k\right)+E_x^{n}\left(i+\frac{1}{2},j,k\right)}{2}$$
$$=\frac{H_z^{n+\frac{1}{2}}\left(i+\frac{1}{2},j+\frac{1}{2},k\right)-H_z^{n+\frac{1}{2}}\left(i+\frac{1}{2},j-\frac{1}{2},k\right)}{\kappa_y\Delta_y}$$
$$-\frac{H_y^{n+\frac{1}{2}}\left(i+\frac{1}{2},j,k+\frac{1}{2}\right)-H_y^{n+\frac{1}{2}}\left(i+\frac{1}{2},j,k-\frac{1}{2}\right)}{\kappa_z\Delta_z}$$
$$+\sum_{m=0}^{N-1}Z_{0_y}(m)\frac{H_z^{n-m+\frac{1}{2}}\left(i+\frac{1}{2},j+\frac{1}{2},k\right)-H_z^{n-m+\frac{1}{2}}\left(i+\frac{1}{2},j-\frac{1}{2},k\right)}{\Delta_y}$$
$$-\sum_{m=0}^{N-1}Z_{0_z}(m)\frac{H_y^{n-m+\frac{1}{2}}\left(i+\frac{1}{2},j,k+\frac{1}{2}\right)-H_y^{n-m+\frac{1}{2}}\left(i+\frac{1}{2},j,k-\frac{1}{2}\right)}{\Delta_z} \tag{2-49}$$

由于 a_i 表达式是指数形式，式 (2-49) 中的卷积和可用迭代卷积方法[14,15]简单实现。引入辅助变量 ψ_i ，式 (2-50) 可改写为

$$\varepsilon_{\mathrm{r}}\varepsilon_0 \frac{E_x^{n+1}\left(i+\frac{1}{2}j,k\right)-E_x^{n}\left(i+\frac{1}{2}j,k\right)}{\Delta t}+\sigma\frac{E_x^{n+1}\left(i+\frac{1}{2}j,k\right)+E_x^{n}\left(i+\frac{1}{2}j,k\right)}{2}$$
$$=\frac{H_z^{n+\frac{1}{2}}\left(i+\frac{1}{2},j+\frac{1}{2},k\right)-H_z^{n+\frac{1}{2}}\left(i+\frac{1}{2},j-\frac{1}{2},k\right)}{\kappa_y\Delta_y}$$
$$-\frac{H_y^{n+\frac{1}{2}}\left(i+\frac{1}{2},j,k+\frac{1}{2}\right)-H_y^{n+\frac{1}{2}}\left(i+\frac{1}{2},j,k-\frac{1}{2}\right)}{\kappa_z\Delta_z}$$
$$+\psi_{e_{xy}}^{n+1/2}\left(i+\frac{1}{2},j,k\right)-\psi_{e_{xz}}^{n+1/2}\left(i+\frac{1}{2},j,k\right) \tag{2-50}$$

从而可得电场 E_x 分量迭代公式

$$
\begin{aligned}
E_x^{n+1}\left(i+\frac{1}{2},j,k\right)=&\frac{2\varepsilon_0\varepsilon_{\mathrm{r}}-\sigma\Delta t}{2\varepsilon_0\varepsilon_{\mathrm{r}}+\sigma\Delta t}E_x^n\left(i+\frac{1}{2},j,k\right)\\
&+\frac{\Delta t/\Delta_x}{2\varepsilon_0\varepsilon_{\mathrm{r}}+\sigma\Delta t}\left\{\left[H_z^{n+\frac{1}{2}}\left(i+\frac{1}{2},j+\frac{1}{2},k\right)-H_z^{n+\frac{1}{2}}\left(i+\frac{1}{2},j-\frac{1}{2},k\right)\right]\Big/\kappa_y\right.\\
&\left.-\left[H_y^{n+\frac{1}{2}}\left(i+\frac{1}{2},j,k+\frac{1}{2}\right)-H_y^{n+\frac{1}{2}}\left(i+\frac{1}{2},j,k-\frac{1}{2}\right)\right]\Big/\kappa_z\right\}\\
&+\frac{\Delta t}{2\varepsilon_0\varepsilon_{\mathrm{r}}+\sigma\Delta t}\left[\psi_{e_{xy}}^{n+\frac{1}{2}}\left(i+\frac{1}{2},j,k\right)-\psi_{e_{xz}}^{n+\frac{1}{2}}\left(i+\frac{1}{2},j,k\right)\right]
\end{aligned}
\tag{2-51}
$$

其中，

$$
\begin{aligned}
\psi_{e_{xy}}^{n+\frac{1}{2}}\left(i+\frac{1}{2},j,k\right)=&b_y\psi_{e_{xy}}^{n-\frac{1}{2}}\left(i+\frac{1}{2},j,k\right)\\
&+a_y\left[H_z^{n+\frac{1}{2}}\left(i+\frac{1}{2},j+\frac{1}{2},k\right)-H_z^{n+\frac{1}{2}}\left(i+\frac{1}{2},j-\frac{1}{2},k\right)\right]\Big/\Delta_y
\end{aligned}
\tag{2-52}
$$

$$
\begin{aligned}
\psi_{e_{xz}}^{n+\frac{1}{2}}\left(i+\frac{1}{2},j,k\right)=&b_z\psi_{e_{xz}}^{n-\frac{1}{2}}\left(i+\frac{1}{2},j,k\right)\\
&+a_z\left[H_y^{n+\frac{1}{2}}\left(i+\frac{1}{2},j,k+\frac{1}{2}\right)-H_y^{n+\frac{1}{2}}\left(i+\frac{1}{2},j,k-\frac{1}{2}\right)\right]\Big/\Delta_z
\end{aligned}
\tag{2-53}
$$

$$
b_i=\mathrm{e}^{-(\sigma_i/\kappa_i+\alpha_i)(\Delta t/\varepsilon_0)},\ \ i=x,y,z \tag{2-54}
$$

其中，a_i 已由式 (2-48) 给出。类似地，可以得到其他场分量的迭代公式。

在每个时间步，卷积项通过式 (2-52) 和式 (2-53) 来迭代更新。为减小空间离散带来的反射误差，本构参数 σ_i、α_i 和 κ_i 是沿各自空间坐标变化的。相应地，σ_i 和 κ_i 在内边界分别取 0 和 1，在外边界处取各自最大值[7,16]。α_i 则不同，为减小凋落波反射，在内边界 α_i 不为 0，在 CPML 层取常数。当 CPML 只用于吸收低频传输波时，α_i 由内边界变化至外边界时递减为 0[12]。文献[17]指出，参数 α_i 主要对 CPML 吸收晚时低频凋落波有明显的影响；参数 κ_i 主要对 CPML 吸收前时传输波有明显影响，当 $0.05\leqslant\alpha_i\leqslant0.20$，$25\leqslant\kappa_{\max}\leqslant30$ 时，可使 CPML 有较好的吸收效果。

传统 PML 用于截断不同媒质时，需要修正其实现形式。由式 (2-51) 可知，CPML 的实现形式独立于所截断区域媒质的性质。因此，式 (2-51) 对于色散媒质、各向异性媒质及非线性媒质都是适用的，只需修改公式中相应介质参数 ε_{r} 和 σ_i 相应项。

传统 PML 截断有耗媒质时，相比截断自由空间需另外增加两个辅助变量。因此，应用于有耗媒质时 CPML 可节省 1/4 的内存空间[7,18]。

2.3　激励源的设置

电磁散射问题中空间场可以写成入射场和散射场之和[6]，即

$$\begin{cases} E = E_{\text{inc}} + E_{\text{s}} \\ H = H_{\text{inc}} + H_{\text{s}} \end{cases} \tag{2-55}$$

其中，E_{inc}、H_{inc} 为入射场；E_{s}、H_{s} 为散射场。

用 FDTD 法计算散射问题时通常将计算区域划分为总场区和散射场区，如图 2-3 所示。这样，在截断边界附近只有散射场，是外向行波，符合截断边界面上设置的吸收边界条件只能吸收外向行波的要求。

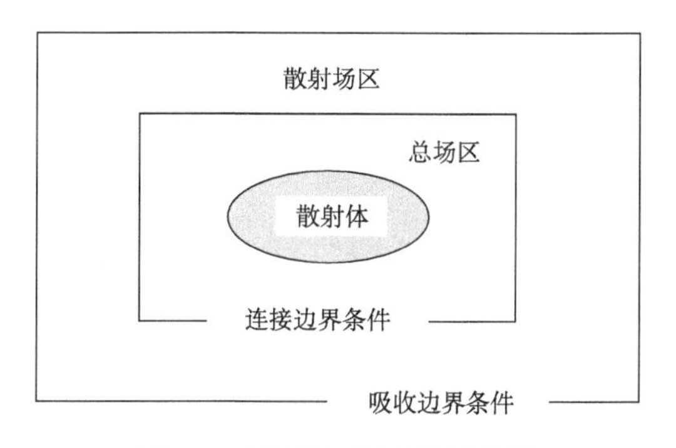

图 2-3　总场区和散射场区的划分

FDTD 法的优势是它能一次性处理宽频带问题，因此激励源一般是对时间呈冲击函数形式的宽频带源，例如，Gauss (高斯) 脉冲、升余弦脉冲等。散射问题中一般在总场区和散射场区的连接边界面上设置入射波源。

FDTD 法迭代时，在总场区只计算总场，散射场区只计算散射场，当计算交界面上网格点的场时就发生了问题，计算总场区边界处的总场时可能需要散射场区内网格点的总场值，而计算散射场区边界处的散射场时也可能需要总场区内网格点的散射场值，但是这些需要的场值并没有被计算出来。因此对边界面要特殊处理，具体的做法是将散射场值加上入射场值得到总场值，而总场值减去入射场值得到散射场值。

对于图 2-4 所示的三维连接边界区域，以面为例，其电场和磁场的连接边界条件为

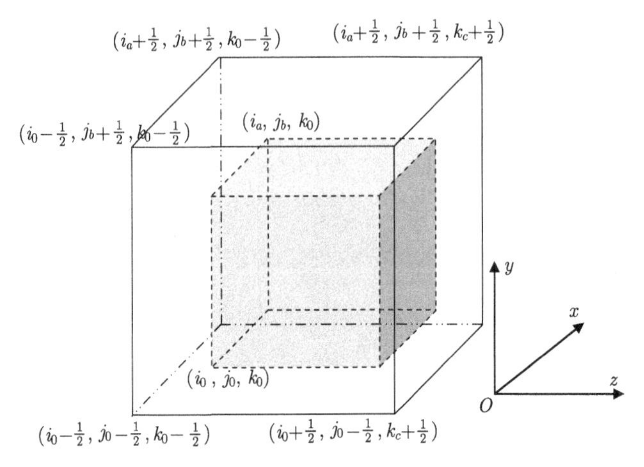

图 2-4　三维情况下的总场-散射场边界

$$E_y^{n+1}(i_0)=E_y^{n+1}(i_0)_{\text{FDTD}}+\frac{\Delta t}{\varepsilon\Delta_x}H_{z,\text{inc}}^{n+\frac{1}{2}}\left(i_0-\frac{1}{2}\right) \tag{2-56}$$

$$E_z^{n+1}(i_0)=E_y^{n+1}(i_0)_{\text{FDTD}}+\frac{\Delta t}{\varepsilon\Delta_x}H_{y,\text{inc}}^{n+\frac{1}{2}}\left(i_0-\frac{1}{2}\right) \tag{2-57}$$

$$H_y^{n+\frac{1}{2}}\left(i_0-\frac{1}{2}\right)=H_y^{n+\frac{1}{2}}\left(i_0-\frac{1}{2}\right)_{\text{FDTD}}-\frac{\Delta t}{\mu\Delta_x}E_{z,\text{inc}}^{n}(i_0) \tag{2-58}$$

$$H_z^{n+\frac{1}{2}}\left(i_0-\frac{1}{2}\right)=H_z^{n+\frac{1}{2}}\left(i_0-\frac{1}{2}\right)_{\text{FDTD}}+\frac{\Delta t}{\mu\Delta_x}E_{z,\text{inc}}^{n}(i_0) \tag{2-59}$$

其中，$E_y^{n+1}(i_0)_{\text{FDTD}}$、$H_y^{n+\frac{1}{2}}\left(i_0-\frac{1}{2}\right)_{\text{FDTD}}$、$H_z^{n+\frac{1}{2}}\left(i_0-\frac{1}{2}\right)_{\text{FDTD}}$ 为利用 FDTD 法迭代得到的相应电磁场的场值；$H_{z,\text{inc}}^{n+\frac{1}{2}}\left(i_0-\frac{1}{2}\right)$、$H_{y,\text{inc}}^{n+\frac{1}{2}}\left(i_0-\frac{1}{2}\right)$、$E_{z,\text{inc}}^{n}(i_0)$ 为入射场的场值。其他五个面的连接边界条件可通过类似的方式实现。

2.4　数值稳定性

在 FDTD 法计算中，时间增量 Δt 和空间增量 Δ_x、Δ_y、Δ_z 不是相互独立的，它们的取值必须满足一定的关系，以避免数值结果的不稳定，这种不稳定表现为解显式差分方程时，随着时间步数的增加，计算结果也将无限制地增加。把

有限差分算式分解为时间的和空间的本征值问题，我们可以得到 FDTD 法的数值稳定条件

$$\Delta t \leqslant \frac{1}{v\sqrt{(1/\Delta_x)^2+(1/\Delta_y)^2+(1/\Delta_z)^2}} \tag{2-60}$$

其中，$v=1\big/\sqrt{\varepsilon\mu}$，是电磁波的传播速度[6]。

用差分方法对麦克斯韦方程进行数值计算时，会在计算网格中引起所模拟电磁波的色散，即在 FDTD 网格中，所模拟电磁波的传播速度将随频率的改变而改变。这种改变由非物理因素引起，随模拟电磁波在网格中的传播方向以及离散化情况不同而改变，将引起脉冲波形畸变、人为的各向异性及虚假的折射现象。当时间和空间步长足够小时，数值色散可以减小到任意程度。在计算时，通常要求

$$\max(\Delta_x,\Delta_y,\Delta_z)\leqslant\lambda_{\min}/20 \tag{2-61}$$

其中，$\lambda_{\min}$ 是所研究媒质空间的最小波长值。有时可以将要求适当放宽，如 $\Delta\leqslant\lambda_{\min}/10$。

2.5　FDTD 法在屏蔽分析中的瓶颈

提高装备电磁防护能力的主要思路为：针对电磁脉冲对敏感设备及系统的各种耦合通道，对电磁脉冲能量的反射、吸收、隔离和泄放，使其衰减到设备及系统能够承受的程度，是实施电磁脉冲防护的主要思路，常用的防护手段主要有屏蔽、接地、泄流、限幅、滤波和光隔离[19-21]。

屏蔽作为一种常用的电磁脉冲防护手段，在提高装备电磁防护能力方面占有重要地位。然而，由于电磁脉冲的频谱极为丰富，对于电磁脉冲的屏蔽，与对单一频率正弦电磁场的屏蔽相比，虽然屏蔽原理是一致的，但不能随便套用计算单一频率正弦电磁场屏蔽效能的公式。试验和模拟的有关数据表明，屏蔽体上的孔、缝对屏蔽性能的影响十分显著。虽然试验结果表明钢板、白铁皮、钢筋混凝土层等常用建材均对电磁脉冲有一定的屏蔽效能，但不作专门设计，难以充分发挥其屏蔽作用。因此，以数值模拟结果为依据，进行屏蔽设计和优化具有重要的意义。

2.5.1　屏蔽的基本概念

所谓屏蔽就是用导电或导磁材料，或用既导电又导磁的材料，制成屏蔽体，将电磁能量限制在一定的空间范围内，使电磁能量从屏蔽体的一面传输到另一面时受到很大的削弱。采用屏蔽措施，将那些对电磁脉冲比较敏感的电子、电气设

备及系统在空间上与电磁脉冲辐射环境相隔离，减小电磁脉冲对设备及系统的耦合影响，是实施电磁脉冲防护的重要手段之一。

1. 屏蔽效果的表示方法

屏蔽体的屏蔽效果一般可用以下两种方法表示。

1) 传输系数 T

传输系数 T 是指加屏蔽后某一测点的场强 E_s 和 H_s 与同一测点未加屏蔽时的场强 E_0 和 H_0 之比，对电场：

$$T_e = E_s / E_0 \tag{2-62}$$

对磁场：

$$T_m = H_s / H_0 \tag{2-63}$$

传输系数 T 值越小，表示屏蔽效果越好。

2) 屏蔽效能 SE

屏蔽效能 (shielding efficiency, SE) 是指未加屏蔽时某一测点的场强度 E_0 和 H_0 与加屏蔽后同一测点的场强 E_s 和 H_s 之比，当以 dB 为单位时，对电场：

$$\mathrm{SE}_e = 20\lg\left(E_0 / E_s\right) \tag{2-64}$$

对磁场：

$$\mathrm{SE}_m = 20\lg\left(H_0 / H_s\right) \tag{2-65}$$

屏蔽效能 SE 有时也称屏蔽损耗，其值越大，表示屏蔽效果越好。

2. 屏蔽原理

在讨论屏蔽原理时，可将屏蔽分为静电屏蔽、磁屏蔽、电磁屏蔽这三种类型。

1) 静电屏蔽

以电导率较高的材料作屏蔽体并良好接地，将电场终止在屏蔽体表面并通过接地泄放表面上的感应电荷，可防止静电场耦合。完整的屏蔽体和良好的接地是实现静电屏蔽的两个必备条件。

2) 磁屏蔽

磁屏蔽的屏蔽机制与磁场频率有关。对于低频 (包括直流) 磁场的屏蔽，屏蔽体须采用高导磁率材料，从而使磁力线主要集中在由屏蔽体构成的低磁阻磁路内，以防止磁场进入被屏蔽空间。因此要获得好的低频磁场屏蔽效果，屏蔽体不仅要选用导磁率较高的材料，而且屏蔽材料在被屏蔽磁场内不应处于饱和状态，这就要求屏蔽体的壁具有相当的厚度。

高频磁场的屏蔽原理有所不同，主要利用金属屏蔽体上感生的涡流产生反磁场，以排斥原磁场的作用。因此，在同一外场条件下，屏蔽体表面的感生涡流越大，则屏蔽效果越好。所以高频磁场的屏蔽应选电导率高的金属材料。对同一屏蔽材料，感生涡流随外场频率的提高而增大，屏蔽效果随之提高。由于高频的趋肤效应，涡流只限于屏蔽体表面流动，因此对于高频磁场的屏蔽只需采用很薄的金属材料就可达到满意的屏蔽效果。

3) 电磁屏蔽

电磁波在穿透导体时会急剧衰减并在导体界面上发生反射，利用由导体制作的屏蔽体的这一特性，便可有效地隔离电磁场的耦合。

实际上对电磁场而言，电场和磁场不可分割，电场分量和磁场分量总是同时存在。只是当电流源的频率较低时，在距离电流源不远处 (距离远小于波长的 1/6)，按照电流源的不同特性，其近场的电场分量和磁场分量各自在总场中所占的份额有所不同。在近场以磁场为主的情况下，可忽略电场分量；反之，近场若以电场为主，磁场分量可忽略。在分析屏蔽体的屏蔽效能时，一般从以下三个方面考虑。

(1) 在空气中传播的电磁波到达屏蔽体表面时，由于空气-金属交界面的波阻抗不连续，对入射波产生反射作用，这种反射与屏蔽体材料的厚度无关，只取决于波阻抗的不连续性，这种单次反射损耗用 R 表示。

(2) 未被表面反射，进入屏蔽材料内部的电磁波，在屏蔽材料中继续向前传播的过程中不断被屏蔽材料吸收和衰减，吸收和衰减量与屏蔽材料电磁参数及厚度有关。这种损耗用 A 表示。

(3) 在屏蔽材料内尚未衰减消耗掉的电磁波，传到屏蔽材料的另一表面将再次遇到金属-空气交界面。由于波阻抗的不连续性，再次产生反射重新折回屏蔽材料内，这种反射在两交界面间可能重复多次，多次反射引入的损耗用多次反射修正项 B 来表示。

因此，屏蔽体的电磁屏蔽效能 SE 可用下式计算：

$$\mathrm{SE} = A + R + B \tag{2-66}$$

2.5.2 缝隙对屏蔽体屏蔽效能的影响

从表 2-1 可以看到，没有缝隙的连续金属板具有很高的电磁屏蔽效能。但是在实际应用中，由于使用的需要，屏蔽体上必须设置通风孔、进出线孔、显示接口等，从而在屏蔽体上形成孔洞和窄缝，造成电磁泄漏，导致屏蔽体的屏蔽效能降低。

表 2-1 不同厚度钢板对不同频率平面波的屏蔽效能

材料	厚度/mm	屏蔽效能	入射波频率/Hz			
			10^4	10^5	10^6	10^7
钢板 μ_r=360 σ_r=0.1	1	A	78.6	248.5	786	7860
		R	92.4	82.4	72.4	52.4
		B	0	0	0	0
		SE	171	331	858.4	7912
	2	A	157.2	497	1572	
		R	92.4	82.4	72.4	
		B	0	0	0	
		SE	249.6	579.4	1644.4	

对窄缝而言，影响其电磁能量泄漏的因素很多，其中最主要的是缝隙的面积和形状。实验表明，对于某一个固定的场源，电磁泄漏随缝隙面积的增加而增加；在孔洞面积相同的情况下，矩形缝隙泄漏大于圆形缝隙。

关于窄缝对屏蔽体的屏蔽效能的影响，可从窄缝对电磁波屏蔽作用入手来分析。窄缝的屏蔽作用由两部分构成：一是由于窄缝开口处的阻抗与自由空间的阻抗不同而造成的反射损耗；二是电磁波透入窄缝后，在窄缝内传输时产生的传输损耗。常见的金属板上的窄缝和搭接缝如图 2-5 所示。以图 2-5(a) 中的窄缝为例，若窄缝的反射损耗为 R_g，传输损耗以 A_g 表示，则有

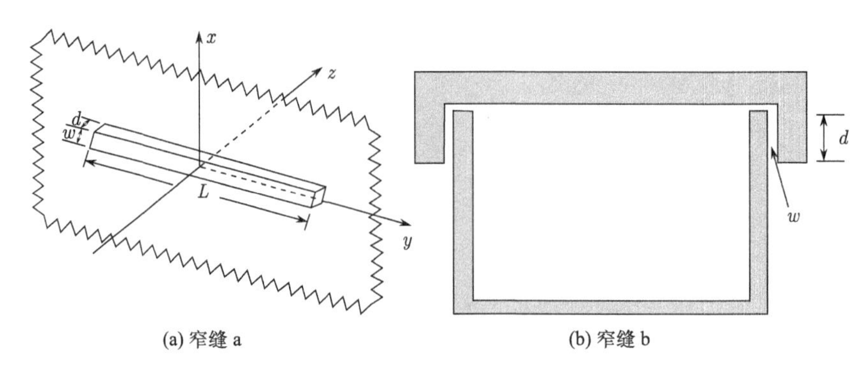

(a) 窄缝 a
(b) 窄缝 b

图 2-5 导体板上的有限厚度窄缝

$$R_g = 20\lg\frac{\left|(1+N)^2\right|}{4\left|N\right|}\text{dB} \tag{2-67}$$

其中，N 为窄缝开口处波阻抗与自由空间入射波波阻抗之比值，当入射场为低阻

抗场时，$N = L / \pi r$；当入射波为平面波时，$N=\mathrm{j}669\times10^{-3}f\cdot L$。其中，$r$ 是窄缝与场源的距离，单位 cm；L 是与电场方向垂直的窄缝长度，单位 cm；f 是入射波的频率，单位 MHz。

当窄缝的长度远小于泄漏电磁波的波长时

$$A_{\mathrm{g}} = 20\lg \mathrm{e}^{\pi d/L} = 27.3d / L \tag{2-68}$$

窄缝的屏蔽效能

$$\mathrm{SE} = A_{\mathrm{g}} + R_{\mathrm{g}} = 27.3d / L + 20\lg \frac{\left|(1+N)^2\right|}{4\left|N\right|}\mathrm{dB} \tag{2-69}$$

其中，d 为窄缝深度，单位 cm。

式 (2-69) 表明，增加窄缝的深度 d，减小窄缝的长度 L (如在结合面加入导电衬垫，在接缝处涂上导电涂料，缩短连接螺钉间距等)，可减小窄缝的泄漏，提高屏蔽效能。一般情况下，应使窄缝的长度远小于被屏蔽电磁波的波长，即窄缝长度 $L<\lambda/10$。当 $L>\lambda/4$ 时，窄缝将成为电磁波辐射器，造成能量的大量泄漏，从而使屏蔽体的屏蔽效能大大降低。

2.5.3　FDTD 法在屏蔽分析中的应用

平面波屏蔽理论与实际间存在很大的差别，实际的屏蔽效能取决于很多参数，如频率、干扰源与屏蔽体距离、场的极化方向、屏蔽体的不连续性等。利用数值模拟进行屏蔽和接地分析是提高电磁防护能力设计的基础。通过数值模拟，为设计方案提供理论指导。提高复杂电子系统的电磁防护能力，为提高装备应对复杂电磁环境的适应能力提供了可靠保障。

利用数值模拟进行屏蔽分析是提高电磁防护能力设计的基础。通过数值模拟，可为设计方案提供数据支撑，为提高复杂电子系统的电磁防护能力，提高武器装备应对复杂电磁环境的适应能力和战斗力提供了可靠保障。

由于 FDTD 法直接从麦克斯韦方程出发，其原理直观易懂、程序通用性强，广泛应用于分析复杂电磁问题。但由于模拟精度的要求，其网格尺寸必须小于窄缝尺寸，这使得在模拟一些大型屏蔽体电的磁兼容问题时，需要非常大的存储空间。

以某型方舱车为例，其方舱尺寸达 4.5 m×2.5 m×2.5 m，而其表面存在的各种缝隙尺寸仅为毫米级别，部分窄缝宽度甚至小于 1 mm。在利用 FDTD 法分析窄缝耦合问题时，随着空间步长的减小，模拟精度逐渐提高；当 FDTD 的网格尺寸小于等于窄缝宽度的 1/15 时，就能比较准确地模拟窄缝耦合[24]。为在使用

FDTD 法分析本方舱电磁问题时 (此处以 1 mm 计)，则计算空间网数将达到 67 500×37 500×37 500。即便是对于计算机技术高度发展的今天，这么大的存储空间需求也是十分巨大的，虽然可以借助于并行计算破解存储空间的限制，但其消耗的计算时间也是难以接受的。亚网格技术的提出，有效克服了存储空间和计算时间方面的限制。

参 考 文 献

[1] Yee K S. Numerical solution of initial boundary value problems involving Maxwell's equation in isotropic media. IEEE Transactions on Antennas and Propagation, 1966, 14(3): 302-307.

[2] 王长清, 祝西里. 电磁场计算中的时域有限差分法. 北京: 北京大学出版社, 1994.

[3] 高本庆. 时域有限差分法. 北京: 国防工业出版社, 1995.

[4] 王秉中. 计算电磁学. 北京: 科学出版社, 2002.

[5] 葛德彪, 闫玉波. 电磁场时域有限差分法. 西安: 西安电子科技大学出版社, 2002.

[6] Taflove A, Hagness S C. Computational Electrodynamics—The Finite-Difference Time-Domain Method. Massachusetts: Artech House, 1995.

[7] Berenger J P. A perfectly matched layer for the absorption of electromagnetic waves. Journal of Computational Physics, 1994, 114(2): 185-200.

[8] Chen B, Fang D G, Zhou B H. Modified Berenger PML absorbing boundary condition for FDTD meshes. IEEE Microwave and Guided Wave Letters, 1995, 5(11): 399-401.

[9] Chen B, Fang D G, Zhang P B. The Berenger PML absorbing boundary condition for FDTD meshes in anisotropic medium. Proceedings of 1996 China-Japan Joint Meeting on Microwaves, 1996, 4: 296-299.

[10] Kuzuoglu M, Mittra R. Frequency dependence of the constitutive parameters of causal perfectly matched anisotropic absorbers. IEEE Microwave and Guided Wave Letters, 1996, 6(12): 447-449.

[11] Roden J A, Gedney S D. Convolution PML (CPML): An efficient FDTD implementation of the CFS-PML for arbitrary media. Microwave and Optical Technology Letters, 2000, 27(5): 334-339.

[12] Roden J A, Kramer T. The convolutional PML for FDTD analysis: Transient electromagnetic absorption from DC to daylight. 2011 IEEE International Symposium on Electromagnetic Compatibility, 2011, 892-898.

[13] Chew W C, Weedon W H. A 3D perfectly matched medium from modified Maxwell's equations with stretched coordinates. Microwave and Optical Technology Letters, 1994, 7(13): 599-604.

[14] Luebbers R J, Hunsberger F. FDTD for Nth-order dispersive media. IEEE Transactions on Antennas and Propagation, 1992, 40(11): 1297-1301.

[15] Beggs J H, Luebbers R J, Yee K S, et al. Finite-difference time-domain implementation of

surface impedance boundary conditions. IEEE Transactions on Antennas and Propagation, 1992, 40(1): 49-56.

[16] Gedney S D. An anisotropic perfectly matched layer-absorbing medium for the truncation of FDTD lattices. IEEE transactions on Antennas and Propagation, 1996, 44(12): 1630-1639.

[17] 姜永金, 毛钧杰, 柴舜连. CFS-PML 边界条件在 PSTD 算法中的实现与性能分析. 微波学报, 2004, 20(4): 36-39.

[18] Teixeira F L, Chew W C. A general approach to extend Berenger's absorbing boundary condition to anisotropic and dispersive media. IEEE Transactions on Antennas and Propagation, 1998, 46(9): 1386-1387.

[19] 周璧华, 陈彬, 石立华. 电磁脉冲及其工程防护. 北京: 国防工业出版社, 2003.

[20] Schelknoff S A. Electromagnetic Waves. Princeton, NJ: D. Van Nostrand Company, 1943.

[21] Schulz R B, Plantz V C, Brush D R. Shielding theory and practice. IEEE Transactions on Electromagnetic Compatibility, 1988, 30(3): 187-201.

[22] 吕仁清, 蒋全兴. 电磁兼容性结构设计. 南京: 东南大学出版社, 1990.

[23] 周璧华, 陈彬, 高成, 等. 钢筋网及钢筋混凝土电磁脉冲屏蔽效能研究. 电波科学学报, 2000, 15(3): 251-259.

[24] Run X, Bin C, Qin Y, et al. Analysis of the effect of slot resolution on the simulating precision of thin-slot coupling with parallel implementation//The 9th Int ernational Symposium on Antennas, Propagation and EM Theory, 2010.

第 3 章　几种亚网格技术窄缝近区场拟合精度分析

在分析导体窄缝耦合问题时，若采用正常的 Yee 网格 FDTD 法，要求空间步长远小于缝宽才能有足够的精度，这使得对计算机内存和模拟的需求非常巨大。为解决这一问题，学者们提出了多种亚网格技术[1-8]。这些都是基于对窄缝附近电磁场的近似拟合技术，并通过积分形式的麦克斯韦方程导出差分方程。从实现形式看，大致可以分为两类：一类是将窄缝近似为一共面的平行带状电容器的网格电容法，通过修正窄缝内的相对介电常数$\varepsilon_{\mathrm{r,eff}}$和相对磁导率 $\mu_{\mathrm{r,eff}}$ 来实现窄缝模拟，例如，Gilbert 与 Holland 提出的网格电容方法 (capacitive thin-slot formalism, G-CTSF)[1]，通过共面带状电容求得$\varepsilon_{\mathrm{r,eff}}$；Wu 和 Gkatzianas 等分别对网格电容法做了进一步的完善 [3,4]，其假设窄缝附近的场为准静态场，并采用保角变换法求解出场的表达式。另一类是直接假设窄缝附近的场按某种规律分布，通过环路积分法实现窄缝模拟的环路积分亚网格技术，例如，Taflove 等提出的环路积分亚网格技术 (TSF)[5,6]，将窄缝附近的场近似为不随积分路径变化的常量；王秉中教授提出的增强细槽缝公式 (enhanced thin-slot formalism，ETSF)[7,8]，假设窄缝附近的场分量和场点到窄缝的距离成反比。可见，不同的亚网格技术本质上就是对窄缝附近电磁场采用不同的近似拟合。因此，一般窄缝近场拟合精度越高，亚网格技术精度越高。本章首先对现有几种亚网格技术进行了讨论，重点研究它们对窄缝近场的拟合方法；然后采用高分辨率 FDTD 法计算典型窄缝附近电磁场分布；并以此作为窄缝近场的参考值，分别检验了网格电容法和环路积分法的精度。

3.1　现有的窄缝模拟亚网格方法

本节首先介绍由 Gilbert 与 Holland 提出的网格电容方法[1]以及 Wu 和 Gkatzianas 等的改进[3,4]，然后讨论了 Taflove 等提出的环路积分亚网格技术[5,6]和王秉中教授提出的增强细槽缝公式 (ETSF)[7, 8]。

3.1.1　网格电容亚网格方法 (G-CTSF)

在现有的亚网格技术中，G-CTSF 是被最早提出的一种，也是应用最广泛的算法之一。1981 年，Gilbert 和 Holland 基于对窄缝的准静态近似提出了网格电

容方法 (G-CTSF)[1]。该方法通过引入相对介电常数$\varepsilon_{\mathrm{r,eff}}$和相对磁导率 $\mu_{\mathrm{r,eff}}$，对窄缝处的差分方程进行修正，$\varepsilon_{\mathrm{r,eff}}$和 $\mu_{\mathrm{r,eff}}$由共面带线的电容而得到。

图 3-1 所示为位于 xOy 平面内带窄缝的无限大导体板在 xOz 平面内分开的两个网格，x 方向为窄缝短边方向，y 方向为窄缝长边方向，z 方向为垂直于窄缝方向。

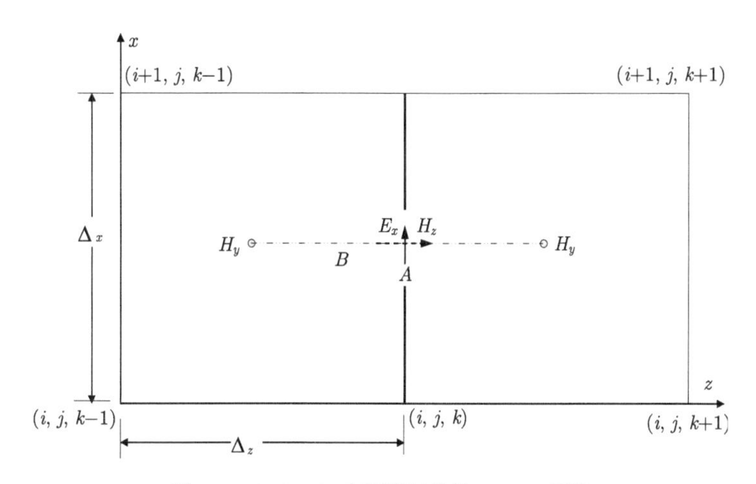

图 3-1　G-CTSF 中环绕细缝的 FDTD 网格

将安培环路定律应用于位于 yOz 平面内的一个网格上，网格的区域为 $\left(j-\dfrac{1}{2}\right)\Delta_y\leqslant y\leqslant\left(j+\dfrac{1}{2}\right)\Delta_y$，$\left(k-\dfrac{1}{2}\right)\Delta_z\leqslant z\leqslant\left(k+\dfrac{1}{2}\right)\Delta_z$。可以得到

$$\begin{aligned}\varepsilon_0\Delta_y\frac{\mathrm{d}}{\mathrm{d}t}\int_{(k-\frac{1}{2})\Delta_z}^{(k+\frac{1}{2})\Delta_z}E_x\left(i+\frac{1}{2},j,z\right)\mathrm{d}z=&\int_{(k-\frac{1}{2})\Delta_z}^{(k+\frac{1}{2})\Delta_z}\left[H_z\left(i+\frac{1}{2},j+\frac{1}{2},z\right)-H_z\left(i+\frac{1}{2},j-\frac{1}{2},z\right)\right]\mathrm{d}z\\&-\left[H_y\left(i+\frac{1}{2},j,k+\frac{1}{2}\right)-H_y\left(i-\frac{1}{2},j,k+\frac{1}{2}\right)\right]\Delta_y\end{aligned}\tag{3-1}$$

这里假设所有的场沿 y 方向是慢变化的，定义窄缝附近一个网格内的平均场量为

$$\tilde{H}_z\left(i+\frac{1}{2},j\pm\frac{1}{2},k\right)=\frac{1}{\Delta_z}\int_{(k-\frac{1}{2})\Delta_z}^{(k+\frac{1}{2})\Delta_z}H_z\left(i+\frac{1}{2},j\pm\frac{1}{2},z\right)\mathrm{d}z\tag{3-2}$$

$$\tilde{E}_x\left(i+\frac{1}{2},j,k\right)=\frac{1}{\Delta_x}\int_{i\Delta_x}^{(i+1)\Delta_x}E_x(x,j,k)\mathrm{d}x\tag{3-3}$$

将式 (3-2) 和式 (3-3) 代入式 (3-1) 得

$$\varepsilon_0\varepsilon_{\mathrm{r,eff}}(j)\Delta_y\Delta_z\frac{\mathrm{d}}{\mathrm{d}t}\tilde{E}_x\left(i+\frac{1}{2},j,k\right)=\left[\tilde{H}_z\left(i+\frac{1}{2},j+\frac{1}{2},z\right)-\tilde{H}_z\left(i+\frac{1}{2},j-\frac{1}{2},z\right)\right]\Delta_z-\left[H_y\left(i+\frac{1}{2},j,k+\frac{1}{2}\right)-H_y\left(i-\frac{1}{2},j,k+\frac{1}{2}\right)\right]\Delta_y \tag{3-4}$$

其中，$\varepsilon_{\mathrm{r,eff}}(j)$是引入的相对介电常数，其值为

$$\varepsilon_{\mathrm{r,eff}}(j)=\frac{\Delta_x\int_{(k-\frac{1}{2})\Delta_z}^{(k+\frac{1}{2})\Delta_z}E_x\left(i+\frac{1}{2},j,z\right)\mathrm{d}z}{\Delta_z\int_{i\Delta_x}^{(i+1)\Delta_x}E_x(x,j,k)\mathrm{d}x} \tag{3-5}$$

类似由法拉第定律可得以下方程：

$$\mu_0\mu_{\mathrm{r,eff}}\left(j+\frac{1}{2}\right)\Delta_x\Delta_y\frac{\mathrm{d}}{\mathrm{d}t}\tilde{H}_z\left(i+\frac{1}{2},j+\frac{1}{2},k\right)=\left[\tilde{E}_x\left(i+\frac{1}{2},j+1,k\right)-\tilde{E}_x\left(i+\frac{1}{2},j,k\right)\right]\Delta_x-\left[E_y\left(i+1,j+\frac{1}{2},k\right)-E_y\left(i,j+\frac{1}{2},k\right)\right]\Delta_y \tag{3-6}$$

其中，$\mu_{\mathrm{r,eff}}\left(j+\frac{1}{2}\right)$是引入的相对磁导率，其值为

$$\mu_{\mathrm{r,eff}}\left(j+\frac{1}{2}\right)=\frac{\Delta_z\int_{i\Delta_x}^{(i+1)\Delta_x}H_z\left(x,j+\frac{1}{2},k\right)\mathrm{d}x}{\Delta_x\int_{(k-\frac{1}{2})\Delta_z}^{(k+\frac{1}{2})\Delta_z}H_z\left(i+\frac{1}{2},j+\frac{1}{2},z\right)\mathrm{d}z} \tag{3-7}$$

在准静态场假设条件下，$\mu_{\mathrm{r,eff}}\left(j+\frac{1}{2}\right)$可以与$\varepsilon_{\mathrm{r,eff}}(j)$通过式 (3-8) 联系起来

$$\mu_{\mathrm{r,eff}}\left(j+\frac{1}{2}\right)=\frac{1}{\varepsilon_{\mathrm{r,eff}}(j)} \tag{3-8}$$

式 (3-8) 中的$\varepsilon_{\mathrm{r,eff}}(j)$可由共面微带形成的电容 C 求得，具体方法如下：作如图 3-2 所示的高斯面，并且假设没有电场力线穿过高斯面的曲面部分。利用高斯定理可以导出相对介电常数$\varepsilon_{\mathrm{r,eff}}$和共面微带电容 C的关系。

由高斯定理，可得

$$\oiint \varepsilon_0 \boldsymbol{E} \cdot \boldsymbol{n} \mathrm{d}s = 0 \tag{3-9}$$

此积分由三个部分组成。曲面积分部分为零；毗邻上半导体的部分积分为

$$\int_{\text{upper}} \varepsilon_0 \boldsymbol{E} \cdot \boldsymbol{n} \mathrm{d}s = Q(j) \tag{3-10}$$

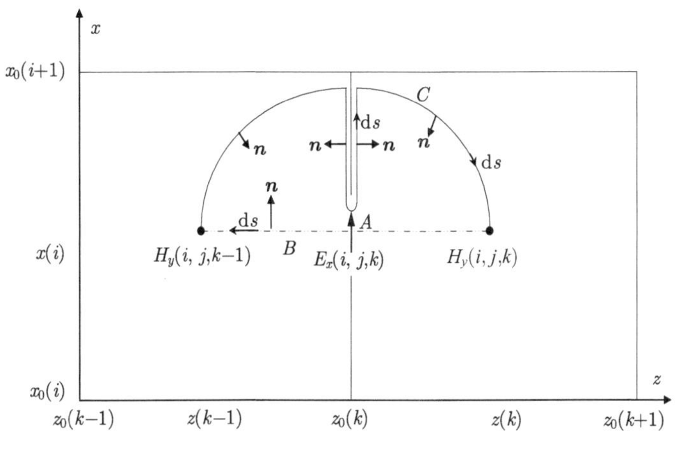

图 3-2　计算窄缝电荷的高斯面

式 (3-10) 中的 $Q(j)$为导体板上的电荷。垂直于窄缝部分的积分为

$$\int_B \varepsilon_0 E_x \mathrm{d}z = \int_{(k-\frac{1}{2})\Delta_z}^{(k+\frac{1}{2})\Delta_z} \varepsilon_0 E_x \left(i + \frac{1}{2}, j, z\right) \mathrm{d}z \tag{3-11}$$

将式 (3-10) 和式 (3-11) 代入式 (3-9) 可得

$$Q(j) = -\int_{(k-\frac{1}{2})\Delta_z}^{(k+\frac{1}{2})\Delta_z} \varepsilon_0 E_x \left(i + \frac{1}{2}, j, z\right) \mathrm{d}z \tag{3-12}$$

此外，E_x沿路径 A 的积分就是窄缝上的电压

$$-V(j) = \int_{i\Delta_x}^{(i+1)\Delta_x} E_x(x, j, k) \mathrm{d}x \tag{3-13}$$

从式 (3-12) 和式 (3-13) 可得单位长度的网格电容表达式为

$$C = \frac{Q(j)}{V(j)} = \frac{\int_{(k-\frac{1}{2})\Delta_z}^{(k+\frac{1}{2})\Delta_z} \varepsilon_0 E_x \left(i + \frac{1}{2}, j, z\right) \mathrm{d}z}{\int_{i\Delta_x}^{(i+1)\Delta_x} E_x(x, j, k) \mathrm{d}x} \tag{3-14}$$

将式 (3-5) 代入可得

$$C=\frac{Q(j)}{V(j)}=\varepsilon_0\varepsilon_{\mathrm{r}}\frac{\Delta_z}{\Delta_x} \tag{3-15}$$

式 (3-15)表明，通过网格电容 C，即可得到介电常数 ε_{r}。根据文献[2]，网格电容可以使用共面带状电容的表达式

$$C=\frac{\varepsilon_0 K\left[\sqrt{1-w^2/\Delta_x^{\ 2}}\right]}{K\left[w/\Delta_x\right]} \tag{3-16}$$

其中，$K[\cdot]$表示第一类完全椭圆积分；w 为窄缝宽度；Δ_x 是网格空间步长。从而得到求相对介电常数的表达式

$$\varepsilon_{\mathrm{r,eff}}(j)=\frac{1}{\varepsilon_0}\frac{\Delta_x}{\Delta_z}C=\frac{\Delta_x}{\Delta_z}\frac{K\left[\sqrt{1-w^2/\Delta_x^{\ 2}}\right]}{K\left[w/\Delta_x\right]} \tag{3-17}$$

由式 (3-8)，可得相对磁导率 $\mu_{\mathrm{r,eff}}$ 的表达式

$$\mu_{\mathrm{r,eff}}\left(j+\frac{1}{2}\right)=\frac{\Delta_x}{\Delta_z}\frac{K\left[w/\Delta_x\right]}{K\left[\sqrt{1-w^2/\Delta_x^{\ 2}}\right]} \tag{3-18}$$

求出 $\varepsilon_{\mathrm{r,eff}}(j)$ 和 $\mu_{\mathrm{r,eff}}\left(j+\frac{1}{2}\right)$ 后，就可由式 (3-4) 和式 (3-6) 导出邻近窄缝的差分方程。网格电容法的误差主要来源于 $\varepsilon_{\mathrm{r,eff}}$ 和 $\mu_{\mathrm{r,eff}}$ 的近似计算。在作高斯曲面时曾假设没有电场力线穿过曲面部分；在计算高斯定理中的各部分积分时假设导体板上的电荷仅分布于一个网格内除窄缝外的导体部分。这些假设对非常窄的窄缝可以获得较高的精度，当窄缝宽度增加时，计算精度下降。极端情况下，缝宽接近一个网格时，以上假设将不适用，会带来很大的计算误差。

3.1.2 改进的网格电容法 (I-CTSF、A-CTSF)

2003 年，Wu 等在网格电容理论的基础上，通过保角变换，推导出了一种改良的窄缝模拟亚网格公式[3]。2004 年，Gkatzianas 等提出了网格电容的另一种定义，并给出了相应的网格电容和介电常数[4]。

1. 一种源自共形变换的改良窄缝公式 (I-CTSF)

正如上节所言，网格电容法主要误差来源于 $\varepsilon_{\mathrm{r,eff}}$ 和 $\mu_{\mathrm{r,eff}}$ 的计算。2003 年，

Wu 等对网格电容法进行了修正，该方法不是通过共面微带的电容求 $\varepsilon_{\mathrm{r,eff}}$ 和 $\mu_{\mathrm{r,eff}}$，而是由式 (3-5) 求出 $\varepsilon_{\mathrm{r,eff}}$，式中的电场 E_x 采用准静态场近似，并通过保角变换求得。

利用保角变换的原理，通过 Schwarz-Chirstoffel (施瓦茨-克里斯托费尔) 变换

$$\varpi = u + \mathrm{j}v = f\left(y\right) = \mathrm{j}\left(\frac{1}{\pi}\arcsin\frac{2y}{w} + \frac{1}{2}\right) \tag{3-19}$$

其中，w 为窄缝宽度。可将图 3-3 左图所示的共面传输线变换到半无限大平面。

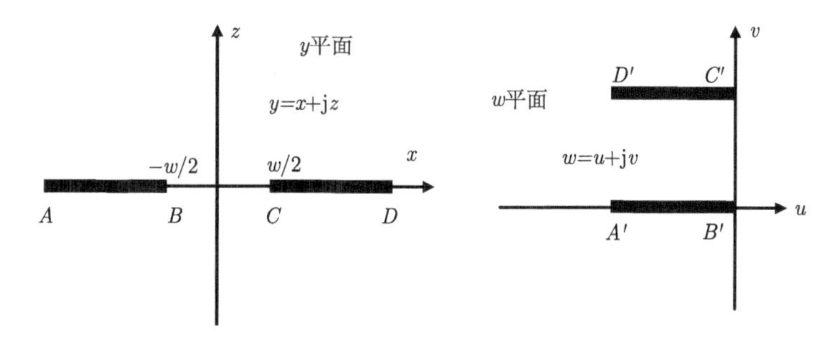

图 3-3　共面传输线变换到半无限大平面

在 (u,v) 平面中，变化域是一半无限大的平行导体板结构，解析的场分布可通过 $\phi\left(x,y\right)=v$ 得到。通过复数域分析，xOz 平面的场分布为

$$\phi(x,z) = v = \mathrm{Im}(f(y))\Big|_{y=x+\mathrm{j}z} \tag{3-20}$$

同时还可以通过 $\boldsymbol{E}=-\nabla\phi(x,z)$ 求得窄缝附近电场 E_x 的分布

$$E_x = -\frac{\partial\phi(x,y)}{\partial x} = \frac{-2\,/\,w\pi}{\mathrm{Re}\sqrt{1-\left[2(x+\mathrm{j}z)\,/\,w\right]^2}} \tag{3-21}$$

其中，Re 代表其实数部分。在 z=0 平面，式 (3-21) 可化为

$$E_x\Big|_{z=0} = \frac{-2\,/\,w\pi}{\sqrt{1-\left(2x\,/\,w\right)^2}} \tag{3-22}$$

在 x=0 平面，式 (3-21) 可化为

$$E_x\Big|_{x=0} = \frac{-2\,/\,w\pi}{\sqrt{1+\left(2z\,/\,w\right)^2}} \tag{3-23}$$

值得注意的是，随着缝宽 w 逐渐趋于 0，式 (3-23) 简化为 ETSF[7]所假定的 $1/z$

的变化规律。

将式 (3-22) 和式 (3-23) 代入式 (3-5)，可得窄缝内介电常数的解析式

$$\varepsilon_{\mathrm{r,eff}}(j) = \frac{2\Delta_x}{\pi\Delta_z}\,\mathrm{arcsinh}\left(\frac{\Delta_z}{w}\right) \tag{3-24}$$

2. 网格电容的另一种表达式 (A-CTSF)

在 G-CTSF 中，认为电荷只分布于一个元胞之中；而 Gkatzianas 等提出，既然 PEC 边界在包含窄缝的元胞外仍然存在，那么电荷密度就应该是从边缘向该 Yee 元胞内递减[4]，如图 3-4 所示。

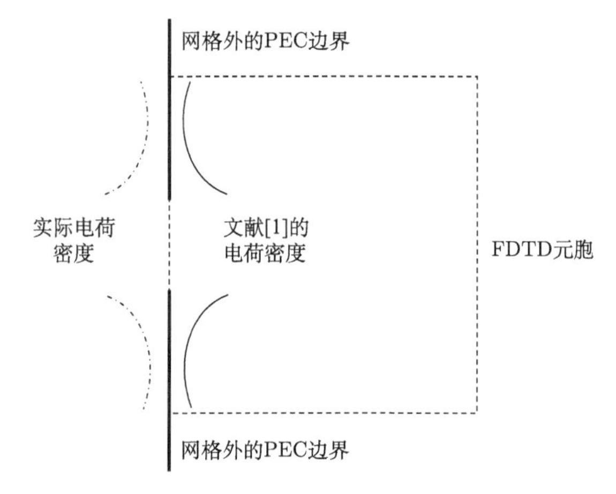

图 3-4 文献[1]描述的电荷密度 (实线) 与实际电荷密度 (虚线)

故定义相对介电常数为

$$\varepsilon_{\mathrm{r,eff}} = 1 + \frac{C_{\text{in-cell}}}{\varepsilon_0} \tag{3-25}$$

利用复数分析的方法，由图 3-4 可得多值函数

$$w = f(y) = \arcsin\left(\frac{y}{w}\right) \tag{3-26}$$

通过拉普拉斯变换，有

$$\phi(x,z) = \frac{2}{\pi}\mathrm{Re}\left[\arcsin\left(\frac{y}{w}\right)\right] \tag{3-27}$$

根据图 3-4 所示的电荷密度，由高斯定理可得电荷密度值 (绝对值)

$$\begin{aligned}\rho &= -2\varepsilon_0 \frac{\partial \phi(x,z)}{\partial x} \quad (x, y=0) \\ &= -2\varepsilon_0 \operatorname{Re}\left\{\frac{\mathrm{d}\phi}{\mathrm{d}z}\frac{\partial z}{\partial y}\right\} \quad (x, y=0)\end{aligned} \tag{3-28}$$

最终可得

$$\rho = \pm \frac{4\varepsilon_0}{\pi}\frac{1}{\sqrt{x^2-(w/2)^2}} \quad (|x| > w/2) \tag{3-29}$$

由式 (3-29) 可得当窄缝在网格内对称分布时的网格电容为

$$C_{\text{in-cell}} = \frac{1}{2}\int_{w/2}^{\Delta/2} \rho \mathrm{d}x = \frac{2\varepsilon_0}{\pi}\ln\left[\frac{\Delta}{w} + \sqrt{\left(\frac{\Delta}{w}\right)^2 - 1}\right] \tag{3-30}$$

进而得到计算窄缝内电场所需的相对介电常数

$$\varepsilon_{\text{r,eff}} = 1 + \frac{2}{\pi}\ln\left[\frac{\Delta}{w} + \sqrt{\left(\frac{\Delta}{w}\right)^2 - 1}\right] \tag{3-31}$$

注意到当窄缝宽度为一个网格步长时，网格电容变为 0，介电常数是 1。此时，修正的差分方程与正常差分方程一样。

在 I-CTSF 和 A-CTSF 的推导中，作与 G-CTSF 同样的假设，相应的磁导率可由 $\mu_\text{r}=1/\varepsilon_\text{r}$ 得到。I-CTSF 和 A-CTSF 推导出了窄缝内相对介电常数和相对磁导率的解析表达式，差分公式与 G-CTSF 相同。

3.1.3 环路积分亚网格方法 (TSF)

环路积分 (contour path, CP) 法在把法拉第定律和安培环路定律离散成差分方程时，假设各电磁场分量在积分路径上是常量，且用积分路径中点场值表示。在窄缝模拟亚网格技术中，CP 法是最简单也是应用比较广泛的一种算法。1988 年，Taflove 等从安培环路定律和法拉第定律出发，在原始的 Yee 元胞逐点递推的基础上提出环路积分亚网格方法 (thin-slot formalism, TSF)[5,6]。

1. 环路积分法所作的近似

下面首先介绍环路积分法所作的近似。不失一般性，考虑图 3-5 所示导电平板上的窄缝问题，图中给出了法拉第积分回路 C_1、C_2 和 C_3，以此为例介绍环路积分法在亚网格模拟中的应用。

分别对 C_1、C_2、C_3 回路运用法拉第定律，即可推导出导体板附近不同位置磁场 H_z 的计算公式。在推导差分方程之前，首先对以上三个积分回路及形成的电磁场作如下假设。

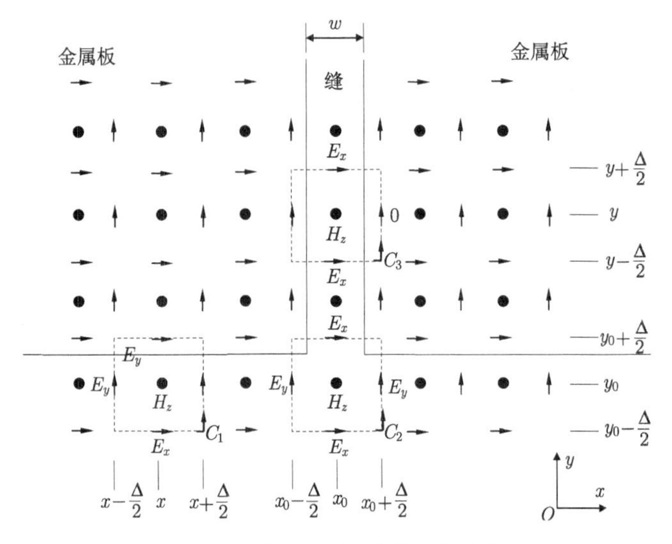

图 3-5 窄缝附近网格的差分网格

(1) 在回路 C_1 中，电场 E_y 和磁场 H_z 在 y 方向没有变化；回路 x 方向中点的场量 $H_z(x,y_0)$ 和 $E_x\left(x,y_0-\dfrac{\Delta}{2}\right)$ 分别代表了 H_z 和 E_x 在网格内整个 x 方向的平均值。

(2) 在窄缝口的回路 C_2 中，$H_z(x_0,y_0)$ 代表 C_2 回路所包围的整个自由空间的 H_z 平均值；电场 E_y 在回路内的 y 方向没有变化；E_x 代表了回路内整个 x 方向的平均值。

(3) 在窄缝内的回路 C_3 中，$H_z(x_0,y)$ 代表 H_z 在该网格内沿整个 y 方向的平均值；H_z 和 E_x 在 x 方向没有变化。

最后，对以上三个积分回路，假设回路在导体板上的所有电场和磁场均为零。

2. 三维环路积分法的推导

作与以上二维中 Yee 网格附近电磁场相同的近似，很容易推导出三维 CP 法[6]。包含窄缝和邻近窄缝的 Yee 网格如图 3-6 所示。

图 3-6(a) 所示导体板平面内的积分回路与二维情况的 C_3 回路完全一样。由法拉第定律得

$$\frac{\partial H_z\left(i+\frac{1}{2},j+\frac{1}{2},k\right)}{\partial t}w\Delta_y = wE_x\left(i+\frac{1}{2},j+1,k\right)-wE_x\left(i+\frac{1}{2},j,k\right) \quad (3\text{-}32)$$

对时间中心离散，得其差分方程为

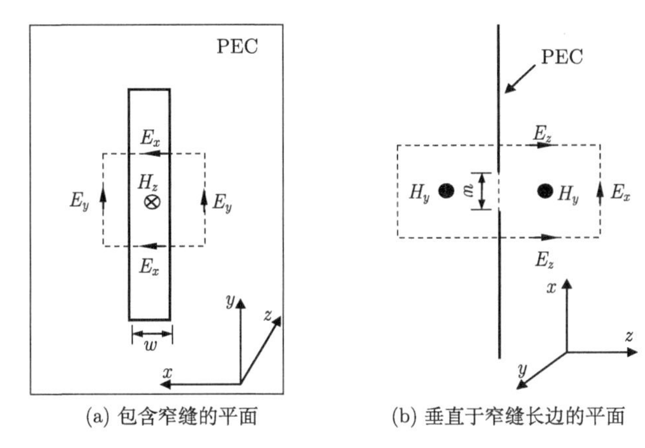

图 3-6　包含窄缝和邻近窄缝的积分回路

$$\begin{aligned}H_z^{n+\frac{1}{2}}\left(i+\frac{1}{2},j+\frac{1}{2},k\right) &= H_z^{n-\frac{1}{2}}\left(i+\frac{1}{2},j+\frac{1}{2},k\right)\\ &\quad+\frac{\Delta t}{\mu_0\Delta_y}\left[E_x^n\left(i+\frac{1}{2},j+1,k\right)-E_x^n\left(i+\frac{1}{2},j,k\right)\right]\end{aligned} \quad (3\text{-}33)$$

图 3-6(b) 所示为窄缝两侧包含窄缝的两个 FDTD 网格。以右侧回路为例，作与二维情况 C_2 类似的假设：网格中心的磁场 H_y 代表整个网格上 H_y 的平均值；积分路径中点的 E_z 代表网格内沿 z 方向的平均值；窄缝内 E_x 在 x 方向没有变化，在导体板内为 0，窄缝内中点的电场 E_x 代表整个窄缝内电场 E_x 的值。由法拉第定律有

$$\begin{aligned}\mu\Delta_z\Delta_x\frac{\partial H_y\left(i+\frac{1}{2},j,k+\frac{1}{2}\right)}{\partial t} &= \Delta_z\left[E_z\left(i,j,k+\frac{1}{2}\right)-E_z\left(i+\frac{1}{2},j,k+\frac{1}{2}\right)\right]\\ &\quad-\left[\Delta_x E_x\left(i+\frac{1}{2},j,k+1\right)-wE_x\left(i+\frac{1}{2},j,k\right)\right]\end{aligned} \quad (3\text{-}34)$$

离散得差分方程

$$H_y^{n+\frac{1}{2}}\left(i+\frac{1}{2},j,k+\frac{1}{2}\right)=H_y^{n-\frac{1}{2}}\left(i+\frac{1}{2},j,k+\frac{1}{2}\right)-\frac{\Delta t}{\mu\Delta_z\Delta_x}\left\{\left[\Delta_x E_x^n\left(i+\frac{1}{2},j,k+1\right)\right.\right.$$
$$\left.\left.-wE_x^n\left(i+\frac{1}{2},j,k\right)\right]-\Delta_z\left[E_z^n\left(i+1,j,k+\frac{1}{2}\right)-E_z^n\left(i,j,k+\frac{1}{2}\right)\right]\right\} \tag{3-35}$$

同理可得窄缝右侧磁场 H_y 的差分方程，其他电磁场分量差分格式与普通 FDTD 一样。

3.1.4 增强细槽缝公式 (ETSF)

在普通窄缝公式 TSF 的基础上，1995 年王秉中提出了增强细槽缝公式[7,8]。其在利用环路积分法推导差分方程时，引入窄缝附近电磁场的奇异特性解，提高了 TSF 的精度。

1. 窄缝附近电磁场的奇异特性解

模拟窄缝附近的电磁场的典型 FDTD 网格如图 3-7 所示。其中垂直于窄缝的积分回路为 C_1，包含窄缝平面的积分路径为 C_2。

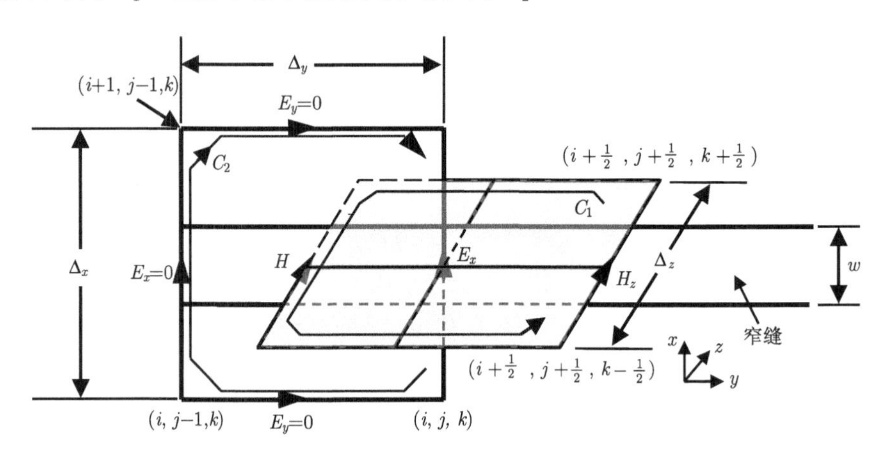

图 3-7 窄缝附近的 FDTD 差分网格

先看环路 C_1，假设磁场 H_y 沿 y 方向没有变化，而 E_x 和 H_z 在窄缝附近有如下的 $1/z$ 的奇异性：

$$E_x\left(i+\frac{1}{2},j,z\right)\approx\begin{cases}E_x\left(i+\frac{1}{2},j,k\right), & \left|z-k\Delta_z\right|\leqslant a,\left|y-j\Delta_y\right|\leqslant\dfrac{\Delta_y}{2}\\ E_x\left(i+\frac{1}{2},j,k\right)\cdot\dfrac{a}{\left|z-k\Delta_x\right|}, & a<\left|z-k\Delta_z\right|\leqslant\dfrac{\Delta_z}{2},\left|y-j\Delta_y\right|\leqslant\dfrac{\Delta_y}{2}\end{cases}$$

(3-36)

$$H_z\left(i+\frac{1}{2},j+\frac{1}{2},z\right)\approx\begin{cases}H_z\left(i+\frac{1}{2},j+\frac{1}{2},k\right), & \left|z-k\Delta_z\right|\leqslant a\\ H_z\left(i+\frac{1}{2},j+\frac{1}{2},k\right)\cdot\dfrac{a}{\left|z-k\Delta_x\right|}, & a<\left|z-k\Delta_z\right|\leqslant\dfrac{\Delta_z}{2}\end{cases}\tag{3-37}$$

其中，$a=w/4$，为细槽缝的等效天线半径。

再看环路 C_2，它位于窄缝所在的平面，且通过窄缝的左端边界。假设电场 E_x沿 x 方向没有变化，H_z在窄缝边缘的一个网格内沿 y 方向有$1/\sqrt{y}$ 的奇异性，

$$H_z\left(i+\frac{1}{2},y,k\right)\approx H_z\left(i+\frac{1}{2},j-\frac{1}{2},k\right)\sqrt{\frac{\Delta_y/2}{y-(j-1)\Delta_y}},\quad (j\text{-}1)\Delta_y<y<j\Delta_y,\ x\in\text{窄缝}$$

(3-38)

其他电磁场分量作与环路积分法同样的假设。

2. ETSF 的差分公式

将环路 C_1中的电磁场奇异特性解式 (3-36)、式 (3-37) 代入安培环路定律

$$\frac{\partial}{\partial t}\iint_{S_1}\varepsilon_0\boldsymbol{E}\cdot\mathrm{d}\boldsymbol{S}=\oint_{C_1}\boldsymbol{H}\cdot\mathrm{d}\boldsymbol{l}\tag{3-39}$$

可得窄缝内电场 E_x分量的增强细槽缝公式

$$\begin{aligned}E_x^{n+1}\left(i+\frac{1}{2},j,k\right)=&E_x^{n}\left(i+\frac{1}{2},j,k\right)\\&+\frac{\Delta t}{\varepsilon_0\Delta_y\Delta_z}\left\{\Delta_z\left[H_z^{n+\frac{1}{2}}\left(i+\frac{1}{2},j+\frac{1}{2},k\right)-H_z^{n+\frac{1}{2}}\left(i+\frac{1}{2},j-\frac{1}{2},k\right)\right]\right.\\&\left.-\frac{2\Delta_y\Delta_z/w}{1+\ln(\Delta_z/w)}\left[H_y^{n+\frac{1}{2}}\left(i+\frac{1}{2},j,k+\frac{1}{2}\right)-H_y^{n+\frac{1}{2}}\left(i+\frac{1}{2},j,k-\frac{1}{2}\right)\right]\right\}\end{aligned}$$

(3-40)

在环路 C_2 上运用法拉第定律

$$\frac{\partial}{\partial t}\iint_{S_1}\mu_0\boldsymbol{H}\cdot\mathrm{d}\boldsymbol{S}=-\oint_{C_1}\boldsymbol{E}\cdot\mathrm{d}\boldsymbol{l} \tag{3-41}$$

将式 (3-38) 的奇异特性解代入，可得 H_z 分量的增强细槽缝公式

$$H_z^{n+\frac{1}{2}}\left(i+\frac{1}{2},j-\frac{1}{2},k\right)=H_z^{n-\frac{1}{2}}\left(i+\frac{1}{2},j-\frac{1}{2},k\right)+\frac{1}{\sqrt{2}}\frac{\Delta t}{\mu_0\Delta_y}E_x^n\left(i+\frac{1}{2},j,k\right) \tag{3-42}$$

同理可得窄缝另一端 H_z 分量的增强细槽缝公式

$$H_z^{n+\frac{1}{2}}\left(i+\frac{1}{2},j+\frac{1}{2},k\right)=H_z^{n-\frac{1}{2}}\left(i+\frac{1}{2},j+\frac{1}{2},k\right)-\frac{1}{\sqrt{2}}\frac{\Delta t}{\mu_0\Delta_y}E_x^n\left(i+\frac{1}{2},j,k\right) \tag{3-43}$$

其他电磁场分量差分格式与 TSF 一样。

3.2　窄缝附近电磁变化分析

从 3.1 节的分析可以看到，现有的各种亚网格技术均是建立在对窄缝附近电磁场变化规律的一定假设基础之上的。这些假设的精度，将直接影响该亚网格技术的精度。为此，本节采用高分辨率 FDTD 法 (FDFD 网格尺寸远小于窄缝宽度，即 $\Delta^{\mathrm{h}}\ll w$) 模拟了窄缝附近的电磁场，首先观测了电磁场在窄缝附近区域的分布，然后分别对各积分路径上的电磁场分量的变化进行了分析。

3.2.1　电磁场在窄缝附近区域的分布

假设理想导体板上开一条窄缝，缝宽为 $w=5$ mm，缝长为 $L=60$ mm。边界条件的设置、入射波等计算模型和文献[7]完全相同，如图 3-8 所示。计算域波导尺寸 $x\times y\times z$=75 mm×105 mm×210 mm；窄缝长边沿 y 方向，短边沿 x 方向。入射波为 TEM 模高斯脉冲，极化方向和窄缝长边方向垂直，沿 z 方向垂直于导体板平面入射

$$E_x(t)=10^3\exp\frac{(t-t_0)^2}{T^2} \tag{3-44}$$

其中，$t_0=3T$，$T=0.5$ ns，有效频谱从直流到 1 GHz。入射波通过位于导体板左侧 60 mm 处的连接边界引入，z 方向两端用 10 层 CPML 截断计算区域。考虑亚网格技术空间步长 $\Delta=15$ mm，时间步长 $\Delta t=\Delta/(2c)$，其中 c 为自由空间中的波速。为了保证足够的精度，高分辨率 FDTD 法空间步长取

$\Delta^{\mathrm{h}} = w / 51 = \lambda / 3060$ 。

窄缝 FDTD 法模拟采用亚网格技术，尽管窄缝近场的近似方法不同，但差分方程均是由积分形式的麦克斯韦方程导出。计算积分时，包含和邻近窄缝的积分回路及由该回路形成的 Yee 网格上的电磁场分量需要作近似拟合处理。因此，我们主要关心的是这些回路和网格上的电磁场分布规律。对于本节的例子，主要研究图 3-9 所示的电磁场分量的分布规律。它们分别是：图 3-9(a) 所示窄缝内磁场 H_z 和电场 E_x；图 3-9(b) 所示窄缝两侧垂直于窄缝长边的两个回路上的电场 E_x 和 E_z，以及该回路网格内的磁场分量 H_y；图 3-9(c) 所示垂直于窄缝短边回路上的磁场 H_y 和 H_z，以及该回路网格内的电场分量 E_x。

在分析以上回路的电磁场变化规律前，我们首先研究包含整个窄缝或窄缝附近三个截面上的电磁场分布规律，以便对整个窄缝周围的电磁场变化规律有个整体上的把握。图 3-9 所示三类网格上各电磁场分量的分布如图 3-10~图 3-17 所示 (输出时刻为 E_x 峰值的时刻)，其中平面坐标为网格坐标，纵轴表示电磁场分量的场值。

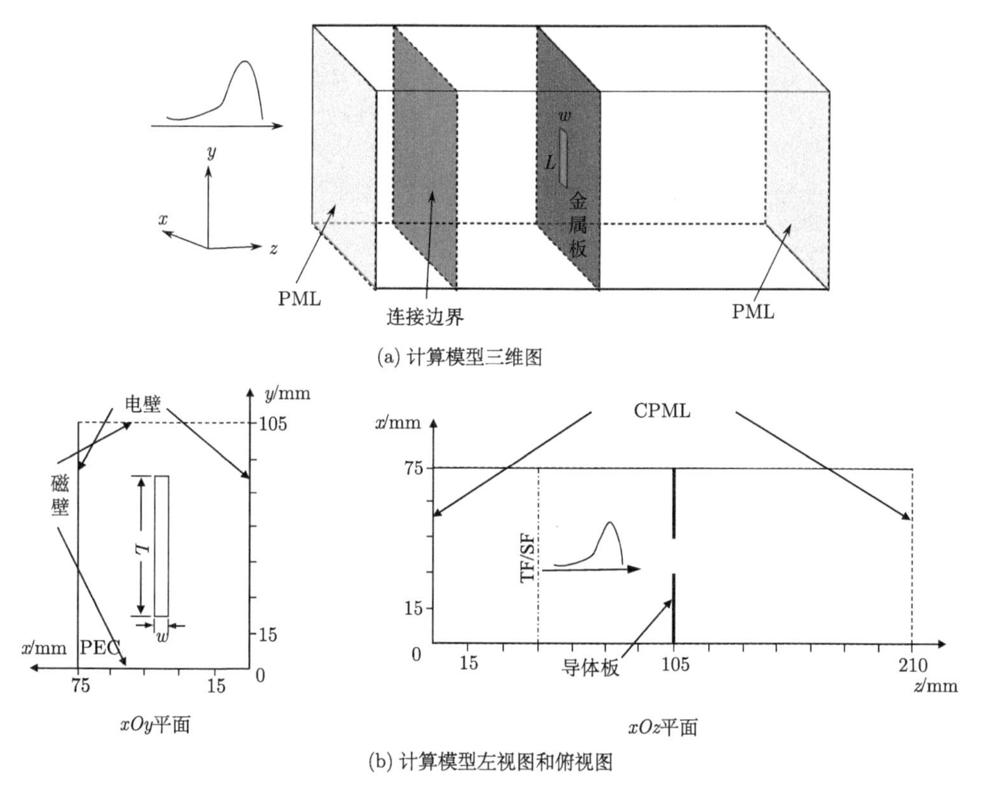

(a) 计算模型三维图

xOy平面

xOz平面

(b) 计算模型左视图和俯视图

图 3-8　导体板上窄缝计算模型

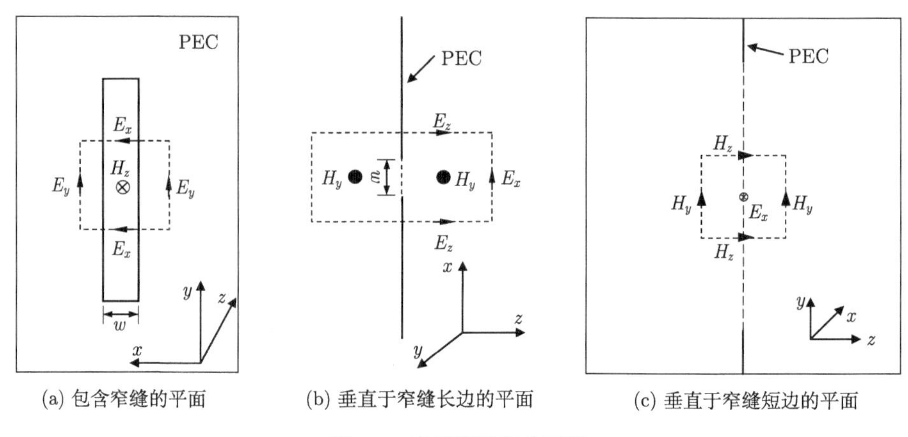

(a) 包含窄缝的平面　(b) 垂直于窄缝长边的平面　(c) 垂直于窄缝短边的平面

图 3-9　窄缝附近积分回路

图3-10(a) 是图3-9(a) 所示导体板平面上整个窄缝内及其长边两侧的电场分量 E_x的分布。E_x平行于窄缝的短边，场分布的区域是图 3-10(b) 中虚线所围的区域。由图可见，窄缝长边两侧接近导体板边缘处电场 E_x急剧增大；沿短边方向，靠近窄缝中部电场趋小，且随距离的变化较缓。沿长边方向，电场变化总的趋势是中部大、两侧小，并逐渐趋于零。总的来看，窄缝处的电场 E_x分布十分复杂。

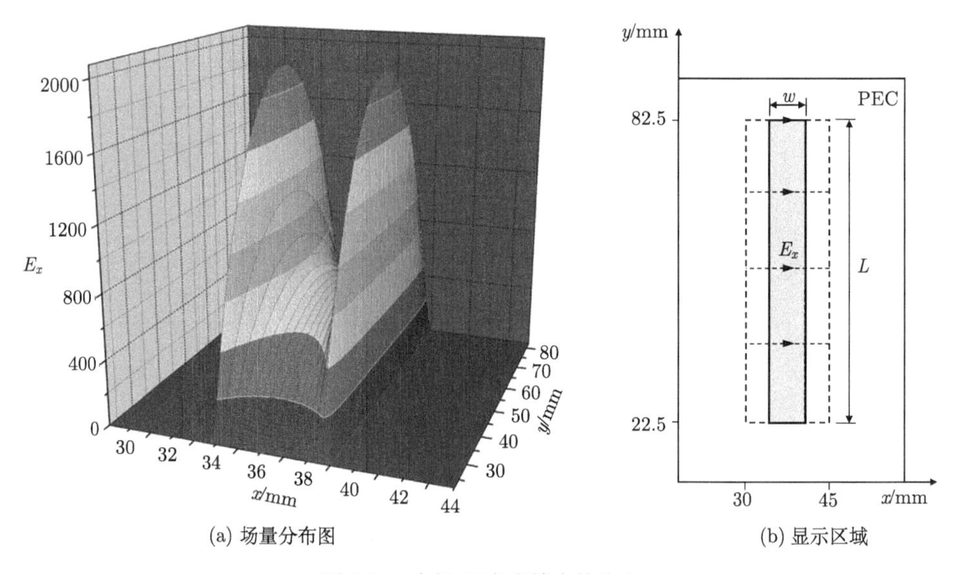

(a) 场量分布图　(b) 显示区域

图 3-10　电场 E_x在窄缝内的分布

图 3-11(a) 是图 3-9(a) 所示导体板平面上整个窄缝内及其两侧的磁场分量 H_z的分布。H_z垂直于导体板平面，场分布的区域是图 3-11(b) 中虚线所围区域。

由图可见，H_z沿窄缝长边方向是反对称的，在长边的两端快速增大、中部变化趋缓。沿窄缝短边方向是两侧大、中部小，且中部变化缓慢。总的来看，磁场 H_z的畸变主要发生在窄缝的两端。

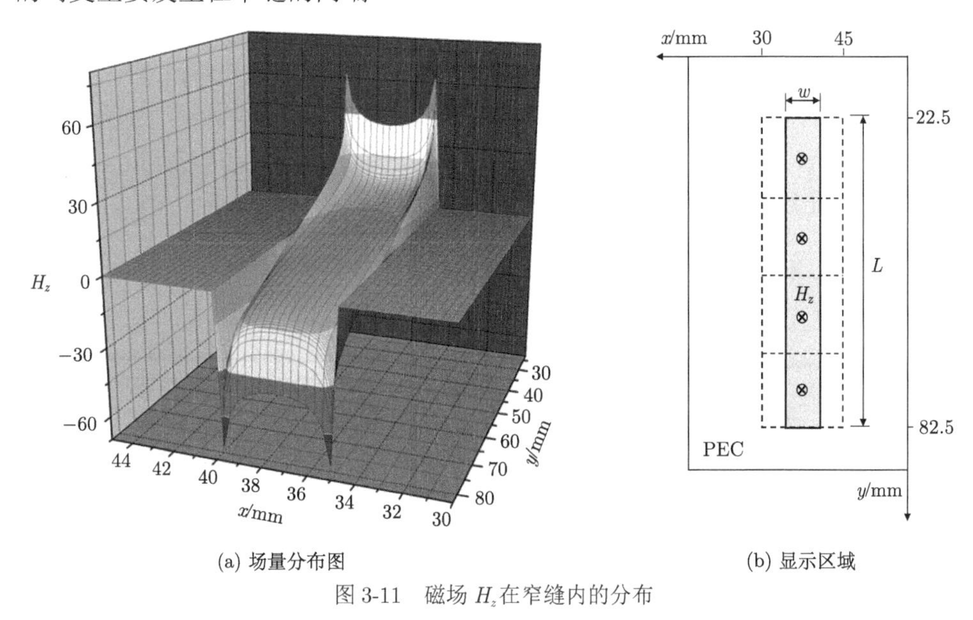

(a) 场量分布图　　(b) 显示区域

图 3-11　磁场 H_z在窄缝内的分布

图 3-12(a) 是图 3-9(b) 所示导体板右侧邻近窄缝且垂直于窄缝长边的一个网格内磁场分量 H_y的分布。H_y垂直于该网格，场分布的区域是图 3-12(b) 中虚

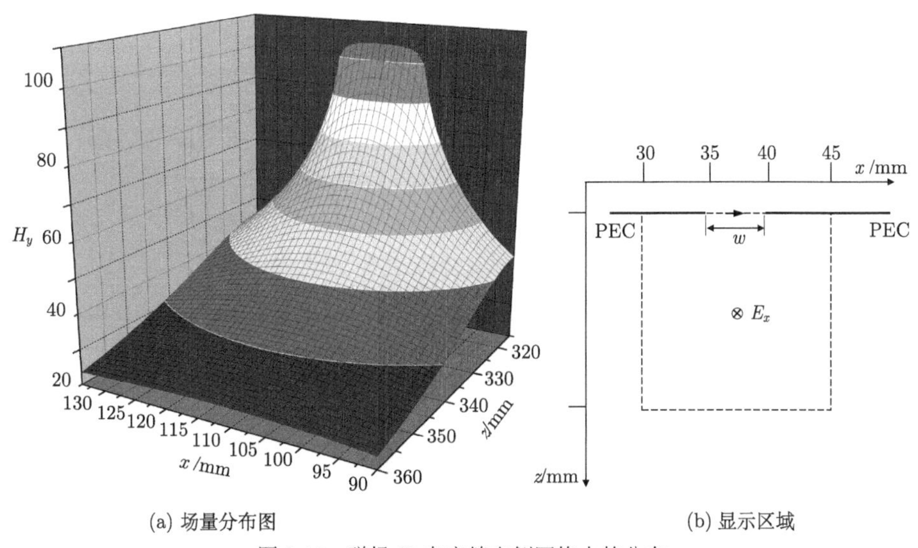

(a) 场量分布图　　(b) 显示区域

图 3-12　磁场 H_y在窄缝右侧网格内的分布

线所围区域。由图可见，在 x 方向磁场 H_y总的变化趋势是邻近窄缝处大、两边小；在 z 方向场值逐渐减小。总的来看，网格内磁场 H_y的变化相对比较平缓。

图 3-13(a) 是图 3-9(b) 所示导体板右侧邻近窄缝且垂直于窄缝长边的一个网格内电场分量 E_x的分布。E_x平行于该网格，场分布的区域是图 3-13(b) 中虚线所围区域。由图可见，在邻近窄缝边缘处电场 E_x急剧增大，在窄缝内沿短边方向，靠近窄缝中部场值趋小，变化趋缓；在网格内 E_x的场值关于 x 方向对称分布。在垂直于窄缝方向离开窄缝后电场迅速减小并逐渐趋于稳定。总的来看，电场 E_x的畸变主要发生在窄缝边缘处。

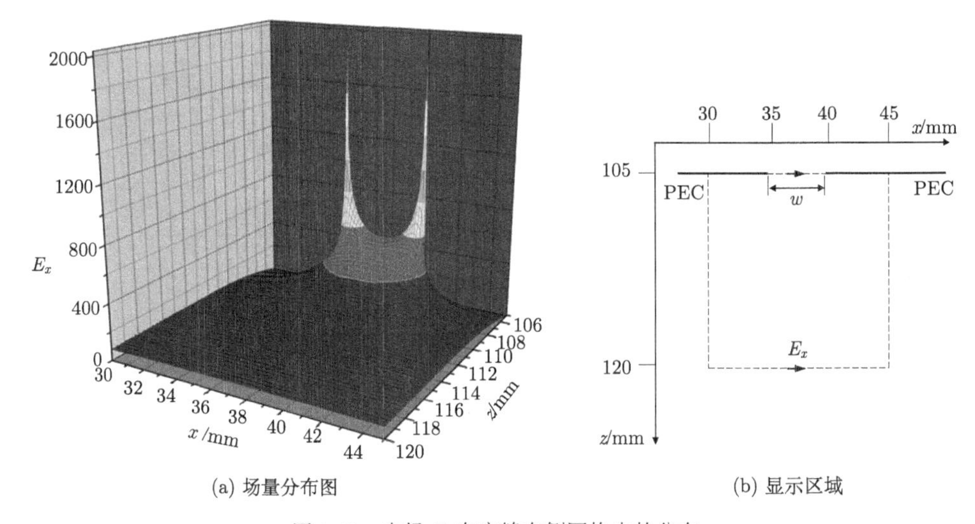

(a) 场量分布图　　(b) 显示区域

图 3-13　电场 E_x在窄缝右侧网格内的分布

图 3-14(a) 是图 3-9(b) 所示导体板右侧邻近窄缝且垂直于窄缝长边的一个网格内电场分量 E_z的分布。E_z平行于该网格，场分布的区域是图 3-14(b) 中虚线所围区域。由图可见，在邻近窄缝边缘处电场 E_z急剧增大，沿短边方向呈反对称分布，在窄缝中部电场变化趋缓。在垂直于窄缝方向离开窄缝后电场迅速减小并逐渐稳定。总的来看，电场 E_z的畸变主要发生在窄缝边缘处。

图 3-15(a) 是图 3-9(c) 所示垂直于窄缝短边平面内长度等于窄缝长度，宽度为一个大网格，邻近窄缝的几个网格内电场分量 E_x的分布。E_x垂直于网格，场分布的区域是图 3-15(b) 中虚线所围区域。由图可见，沿长边方向，电场 E_x变化总的趋势是中部大、两头小，并逐渐趋于零。沿垂直于窄缝方向，电场 E_x变化总的趋势是窄缝内大、两侧小，且入射波来波方向场值大于泄漏方向场值。总的来看，沿垂直于窄缝方向电场 E_x变化较剧烈。

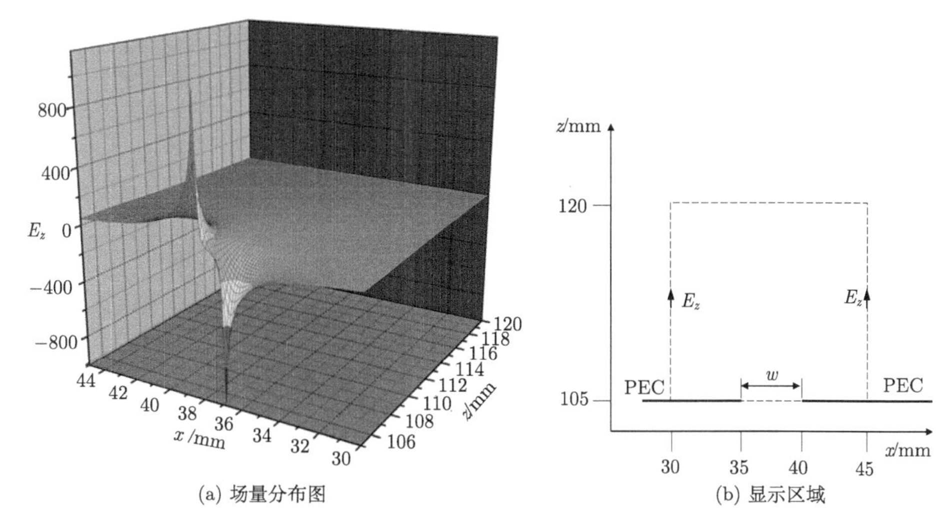

图 3-14　电场 E_z 在窄缝右侧网格内的分布

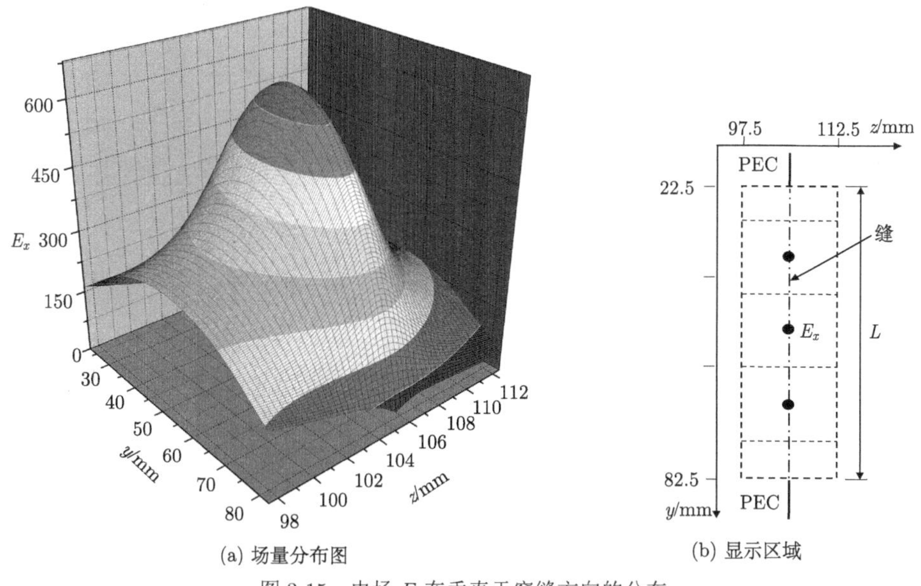

图 3-15　电场 E_x 在垂直于窄缝方向的分布

图 3-16(a) 是图 3-9(c) 所示垂直于窄缝短边平面内长度等于窄缝长度，宽度为一个大网格，邻近窄缝的几个网格内磁场分量 H_y 的分布。H_y 平行于这些网格，场分布的区域是图 3-16(b) 中虚线所围区域。由图可见，沿长边方向，磁场 H_y 在长边的两端急剧变化，中部变化趋缓，沿 y 方向对称分布。沿垂直于窄缝方向，磁场 H_y 场值在窄缝附近迅速增大，并在窄缝内反向，但入射波来波方向场值大于泄漏方向

场值。总的来看，在窄缝长边两端磁场 H_y 变化较复杂，其他位置变化较为平缓。

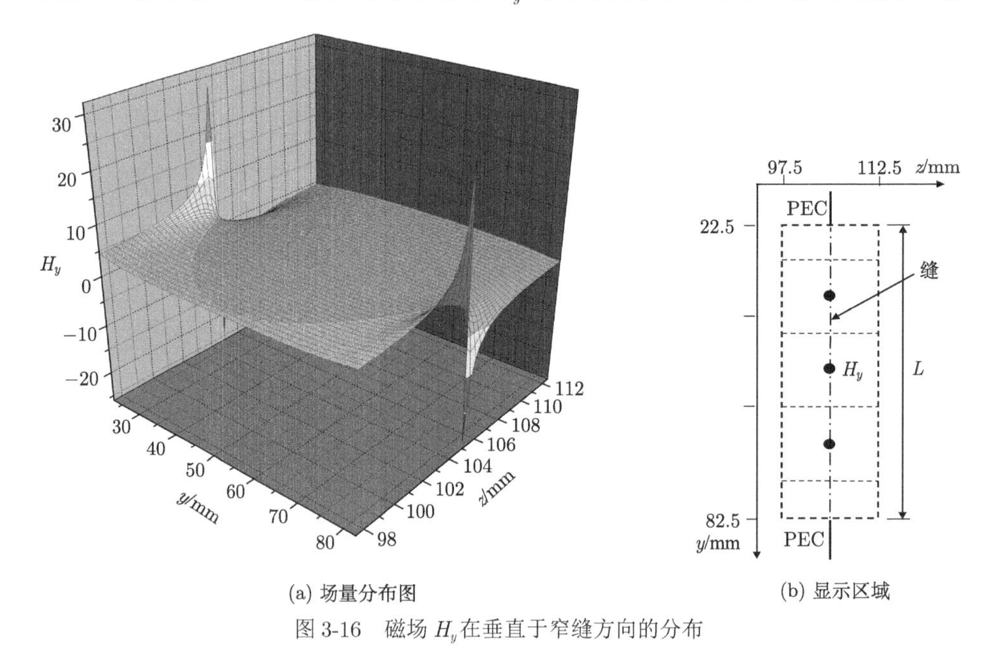

(a) 场量分布图　　(b) 显示区域

图 3-16　磁场 H_y 在垂直于窄缝方向的分布

图 3-17(a) 是图 3-9(c) 所示垂直于窄缝短边平面内长度等于窄缝长度，宽度为一个大网格，邻近窄缝的几个网格内磁场分量 H_z 的分布。H_z 平行于网格，场分布的区域是图 3-17(b) 中虚线所围区域。由图可见，H_z 沿长边方向是反对称的，

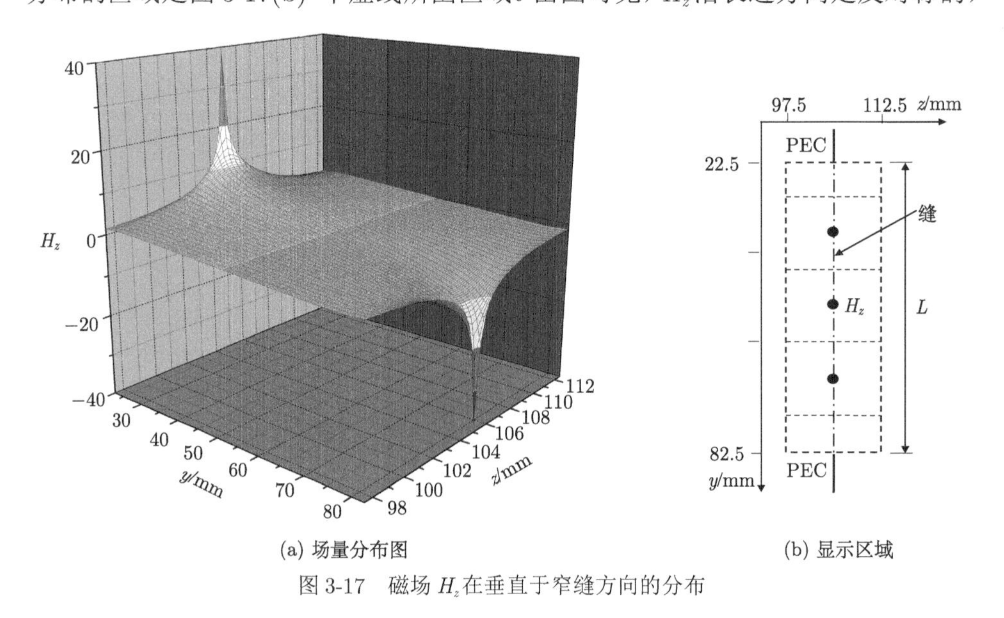

(a) 场量分布图　　(b) 显示区域

图 3-17　磁场 H_z 在垂直于窄缝方向的分布

场值在长边的两端急剧增大，中部变化趋缓。沿垂直于窄缝方向，磁场 H_z 对称分布，窄缝内场值大、两侧小。总的来看，磁场的畸变主要发生在窄缝的两端。

从图 3-10~图 3-17 的场量分布图可以看到，窄缝内和窄缝附近的电磁场变化是非常剧烈的。可以预见，随着窄缝宽度的减小，其畸变特性将更加明显。

3.2.2　电磁场在窄缝附近积分路径上的分布

通过 3.2.1 节的分析，对包含整个窄缝和窄缝附近几个截面上的电磁场分布规律有了总体上的认识，本节主要以空间步长 $\Delta^{\mathrm{h}} = w/51 = \lambda/3060$ 的高分辨率 FDTD 法数值计算结果分析图 3-9 所示电磁场在相应积分回路上的变化规律。

为便于分析电磁场在积分回路上的分布，引入形状系数的概念，分别定义积分路径和网格内的形状系数：

$$\varphi_1 = \frac{\int_l F \cdot \mathrm{d}l}{l \cdot F_{\text{中点}}} \tag{3-45}$$

$$\varphi_2 = \frac{\iint_S F \cdot \mathrm{d}S}{S \cdot F_{\text{中点}}} \tag{3-46}$$

其中，φ_1，φ_2 分别为积分路径和网格内的形状系数。以式 (3-45) 为例，F 是要研究的电场或磁场分量，$F_{\text{中点}}$ 代表在积分路径中点该场量的值；$\int_l F \cdot \mathrm{d}l$ 代表 F 沿积分路径 l 的积分值；$l \cdot F_{\text{中点}}$ 代表假设 F 场值不随路径变化，用积分路径中点的场值与路径长度的乘积作为该路径的积分值。形状系数反映的是电磁场在积分路径上变化的剧烈程度，对于电磁场 F 在积分路径上线性变化的情况，$\varphi = 1.0$。形状系数与 1.0 相减的差的绝对值越大，电磁场在该积分路径上的变化越剧烈。电磁场在积分路径形成的网格内的形状系数的定义类似。

1. 电磁场在窄缝内 (图 3-9(a)) 的分布

导体板平面上窄缝内的各电磁场分量的位置如图 3-18 所示。图中电场 E_x 平行于窄缝，磁场 H_z 垂直于窄缝。图 3-19(a) 所示为电场 E_x 在窄缝长边中点沿窄缝短边方向的变化；图 3-19(b) 所示为磁场 H_z 在 $y = 45$ mm 处沿窄缝短边方向的变化。

从图 3-19(a) 和图 3-19(b) 可知，在窄缝短边方向，电场 E_x 和磁场 H_z 具有相同的分布规律：在窄缝长边两侧接近导体板边缘处场值急剧增大，靠近窄缝中部电场趋小，且随距离的变化较缓；电场 E_x 和磁场 H_z 形状系数均为 1.49。

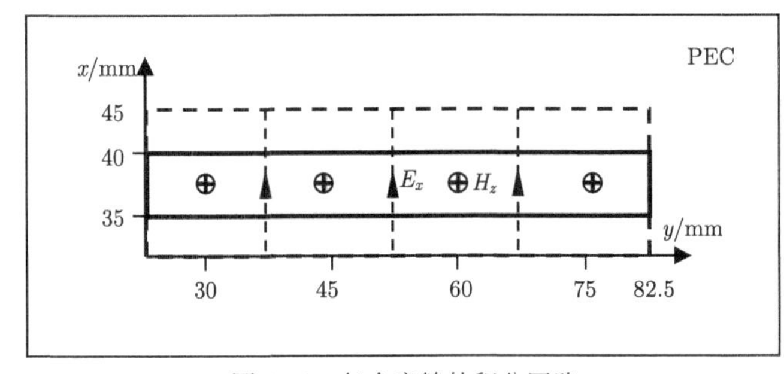

图 3-18 包含窄缝的积分回路

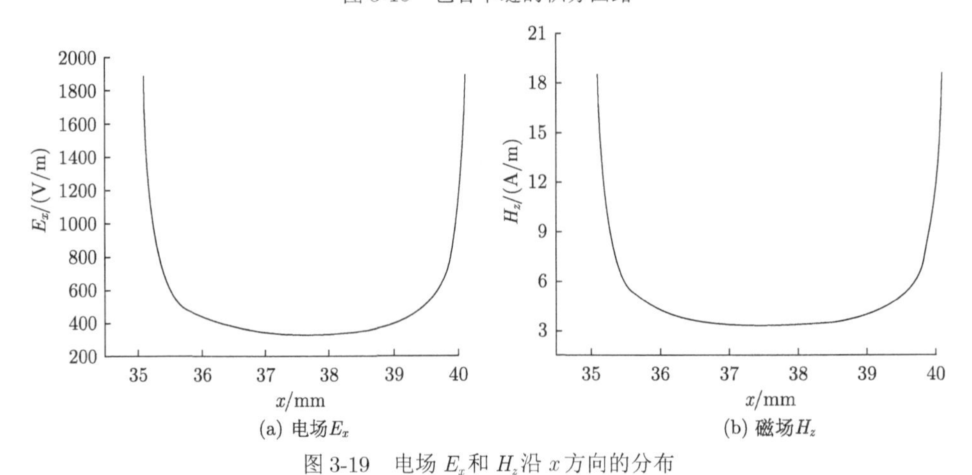

图 3-19 电场 E_x和 H_z沿 x 方向的分布

图 3-20 所示为电场 E_x 和磁场 H_z 在窄缝内沿长边方向的变化。由图 3-20(a) 可见，电场 E_x在窄缝长边方向是慢变化的，在一个大网格内沿 y 方向的形状系数约为 1.0。由图 3-20(b) 可见，磁场 H_z沿长边方向是反对称的，在长边的两端急剧增大，中部变化趋缓，在窄缝两端一个大网格内的形状系数为 1.26。所以在用

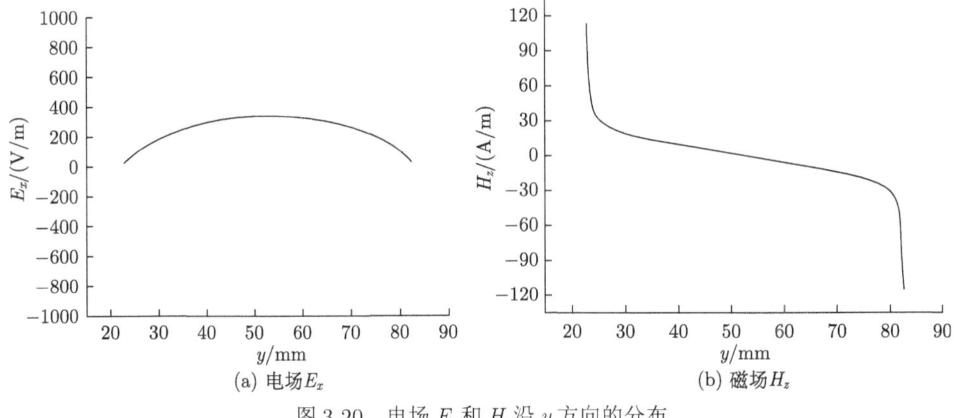

图 3-20 电场 E_x和 H_z沿 y 方向的分布

亚网格技术模拟此类网格上的场量时，电场 E_x 和磁场 H_z 沿窄缝短边的变化以及窄缝两端磁场 H_z 沿长边方向的变化是必须要考虑的。

2. 电磁场在垂直于窄缝长边平面上的分布

导体板右侧垂直于窄缝长边的积分回路 (图 3-9(b)) 及其形成的网格内的各电磁场分量位置如图 3-21 所示。其中电场 E_x 和 E_z 平行于该网格，磁场 H_y 垂直于网格。窄缝两侧网格内 H_y 的形状系数约为 1.0(在窄缝右侧长边两端为 1.80)。

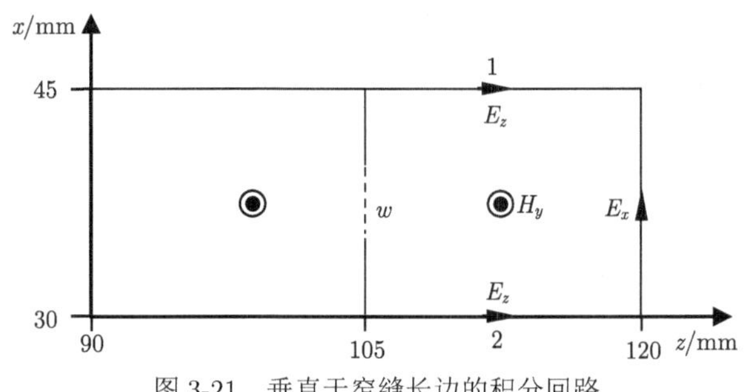

图 3-21　垂直于窄缝长边的积分回路

电场 E_x 在窄缝内 $z=120$ mm 沿积分路径上的变化如图 3-22(a) 所示，其形状系数为 0.96。电场 E_z 在 $x=45$ mm 和 $x=30$ mm 积分路径上的变化如图 3-22(b) 中 1 和 2 所示，其形状系数均为 1.15。所以在用亚网格技术模拟此类网格上的场量时，主要考虑电场 E_x 在窄缝内沿窄缝短边的变化。

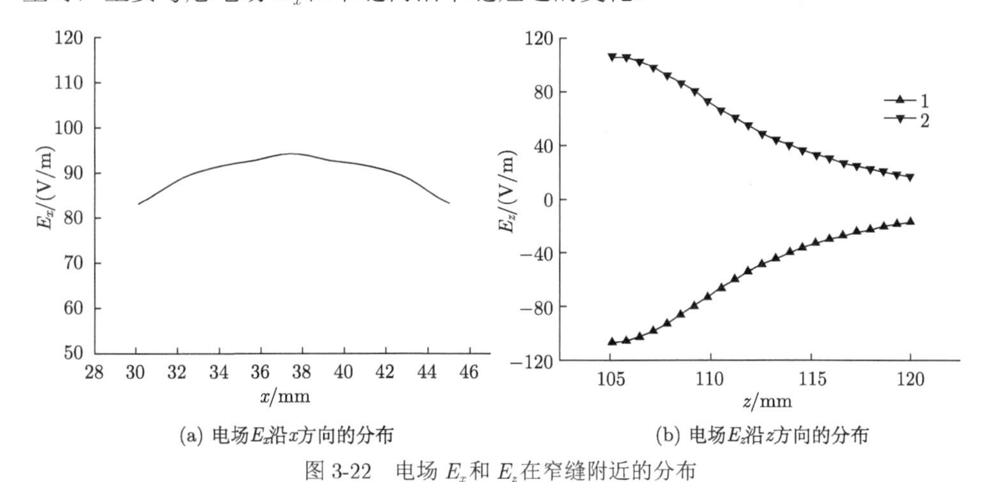

(a) 电场 E_x 沿 x 方向的分布　(b) 电场 E_z 沿 z 方向的分布

图 3-22　电场 E_x 和 E_z 在窄缝附近的分布

3. 垂直于窄缝短边平面上各场量的分布

在垂直于窄缝短边的平面内 (图 3-9(c))，长度为窄缝长度，宽度为一个大网格且邻近窄缝的几个网格内各电磁场分量位置如图 3-23 所示，其中电场 E_x垂直于网格，磁场 H_y和 H_z平行于网格。图 3-24(a) 所示为电场 E_x在 y=52.5 mm 处沿 z 方向的变化；图 3-24(b) 所示为磁场 H_z在 y=45 mm 处沿垂直于窄缝方向的变化；图 3-24(c) 中的 1 和 2 所示场量为磁场 H_y在 z=112.5 mm 和 z=97.5 mm 处沿 y 方向的分布。

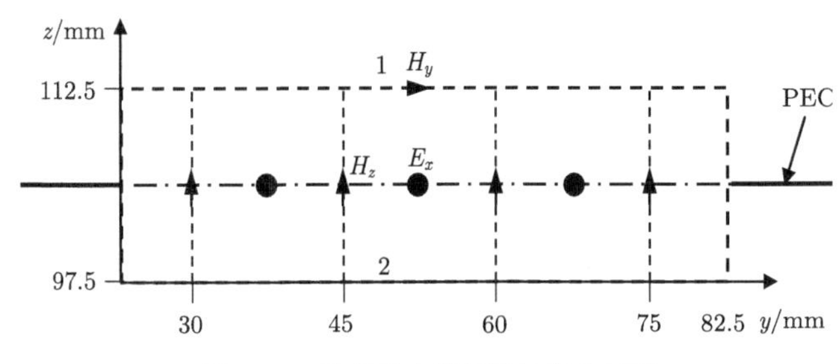

图 3-23　垂直于窄缝短边的积分回路

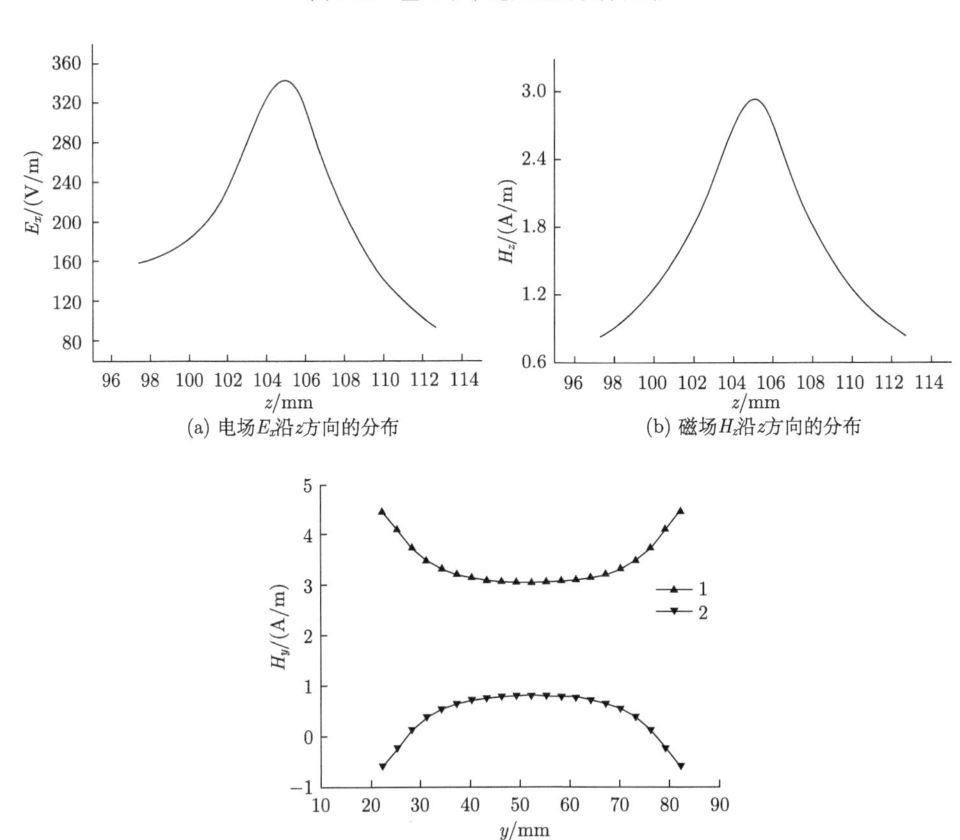

图 3-24　电磁场在窄缝附近的分布

由图 3-24(a) 可见，电场 E_x 在 z 方向从窄缝内向窄缝两侧迅速减小，且入射波来波方向场值明显大于泄漏方向场值，形状系数为 0.64。磁场 H_z 在 z 方向中部大、两侧小，且在窄缝两侧对称分布，如图 3-24(b) 所示，其形状系数为 0.58。由图 3-24(c) 可见，磁场 H_y 在窄缝两侧沿 y 方向的积分路径上对称分布，且入射波来波方向场值大于泄漏方向场值，但总体变化较缓。所以在用亚网格技术模拟此类网格上的场量时，电场 E_x 和磁场 H_z 沿垂直于窄缝方向的变化是必须要考虑的。

3.3　现有亚网格方法精度的分析

从 3.2 节的分析可知，电磁场在窄缝附近变化极其剧烈，现有窄缝模拟亚网格技术对窄缝附近电磁场变化规律的假设的精度是一个值得研究的问题。为此，本节首先分析了三种网格电容法的精度，分别研究了其相对介电常数和磁导率随时间和窄缝宽度的变化规律；然后检验了不同宽度情况下 ETSF 所引入的奇异特性解，并给出了相应的形状系数。

3.3.1　几种网格电容法的精度分析

最早的网格电容法 (G-CTSF) 及近年来的改进网格电容法 (I-CTSF、A-CTSF)均是建立在文献[1]网格电容概念上的，都是通过引入相对介电常数$\varepsilon_{\mathrm{r,eff}}$和相对磁导率 $\mu_{\mathrm{r,eff}}$ 来修正窄缝处的差分方程。算法精度主要取决于$\varepsilon_{\mathrm{r,eff}}$和 $\mu_{\mathrm{r,eff}}$ 的计算精度，这三种方法的差别主要是$\varepsilon_{\mathrm{r,eff}}$和 $\mu_{\mathrm{r,eff}}$ 计算方法不同。要想检验$\varepsilon_{\mathrm{r,eff}}$和 $\mu_{\mathrm{r,eff}}$ 的精度，必须从它们的原始定义出发，即从式 (3-5) 和式 (3-7) 入手。$\varepsilon_{\mathrm{r,eff}}$和 $\mu_{\mathrm{r,eff}}$ 的定义是

$$\varepsilon_{\mathrm{r,eff}}(j)=\frac{\Delta_x\displaystyle\int_{(k-\frac{1}{2})\Delta_z}^{(k+\frac{1}{2})\Delta_z}E_x\left(i+\frac{1}{2},j,z\right)\mathrm{d}z}{\Delta_z\displaystyle\int_{i\Delta_x}^{(i+1)\Delta_x}E_x(x,j,k)\mathrm{d}x}\tag{3-47}$$

$$\mu_{\mathrm{r,eff}}\left(j+\frac{1}{2}\right)=\frac{\Delta_z\displaystyle\int_{i\Delta_x}^{(i+1)\Delta_x}H_z\left(x,j+\frac{1}{2},k\right)\mathrm{d}x}{\Delta_x\displaystyle\int_{(k-\frac{1}{2})\Delta_z}^{(k+\frac{1}{2})\Delta_z}H_z\left(i+\frac{1}{2},j+\frac{1}{2},z\right)\mathrm{d}z}\tag{3-48}$$

在文献[1]中$\varepsilon_{\mathrm{r,eff}}$和 $\mu_{\mathrm{r,eff}}$ 通过第一类完全椭圆积分得到；在文献[2]中通过共形变换得到；在文献[3]中通过网格电容得到。在这些方法中，$\varepsilon_{\mathrm{r,eff}}$和 $\mu_{\mathrm{r,eff}}$ 均被看作

是常量且互为倒数。

三种亚网格方法实际上都是假设$\varepsilon_{\rm r,eff}$和 $\mu_{\rm r,eff}$是不随时间变化的，而且$\varepsilon_{\rm r,eff}$和$\mu_{\rm r,eff}$满足式 (3-8)。三种方法的区别是式 (3-47) 和式 (3-48) 中的电场、磁场分量采用不同的近似计算方法得到，但都是准静态场近似的。

实际上如果采用小于窄缝宽度的高分辨率 FDTD 法来计算式 (3-47)、式 (3-48) 中的电磁场分量，得到某一时刻的电磁场分量，再通过数值积分则可求得精度较高的$\varepsilon_{\rm r,eff}$和 $\mu_{\rm r,eff}$值。而且，网格的空间步长越小，$\varepsilon_{\rm r,eff}$和 $\mu_{\rm r,eff}$的计算精度越高。因此，当空间步长取得足够小时，可以将所求得的$\varepsilon_{\rm r,eff}$和 $\mu_{\rm r,eff}$作为检验网格电容法$\varepsilon_{\rm r,eff}$和 $\mu_{\rm r,eff}$计算精度的参考值。为此，假设网格电容法差分网格空间步长是Δ，为保证$\varepsilon_{\rm r,eff}$和 $\mu_{\rm r,eff}$参考值有足够的精度，取高分辨率 FDTD 法的空间步长为$\Delta^{\rm h}=\Delta/153$。

为测试文献[1-3]中对$\varepsilon_{\rm r,eff}$和 $\mu_{\rm r,eff}$的模拟精度，我们采用 3.2.1 节模型，通过高分辨率 FDTD 法模拟，可得到窄缝在平面波照射下图 3-25 所示的窄缝附近电磁场。将高分辨率 FDTD 法模拟得到的电场 $E_x^{\rm h}$和磁场 $H_z^{\rm h}$分别代入网格电容的原始定义式 (3-47) 和式 (3-48)，即可得到各个时刻的$\varepsilon_{\rm r,eff}$和 $\mu_{\rm r,eff}$:

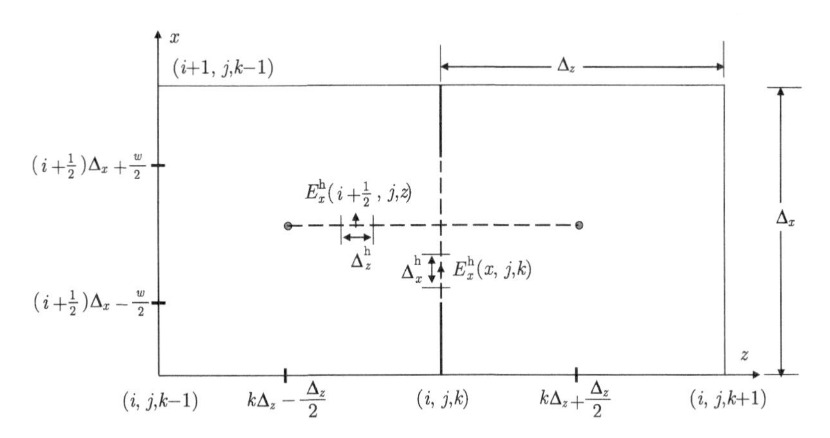

图 3-25 通过高分辨率 FDTD 法计算$\varepsilon_{\rm r,eff}$和 $\mu_{\rm r,eff}$

$$
\varepsilon_{\rm r,eff}(j)=\frac{\Delta_z^{\rm h}\displaystyle\sum_{z=(k\Delta_z-\Delta_z/2)/\Delta_z^{\rm h}}^{(k\Delta_z+\Delta_z/2)/\Delta_z^{\rm h}}E_x^{\rm h}\left(i+\frac{1}{2},j,z\right)}{\Delta_x^{\rm h}\displaystyle\sum_{x=((i+\frac{1}{2})\Delta_x-w/2)/\Delta_x^{\rm h}}^{((i+\frac{1}{2})\Delta_x+w/2)/\Delta_x^{\rm h}}E_x^{\rm h}(x,j,k)}
\tag{3-49}
$$

$$\mu_{\mathrm{r,eff}}\left(j+\frac{1}{2}\right)=\frac{\Delta_x^{\mathrm{h}}\sum\limits_{x=((i+\frac{1}{2})\Delta_x-w/2)/\Delta_x^{\mathrm{h}}}^{((i+\frac{1}{2})\Delta_x+w/2)/\Delta_x^{\mathrm{h}}} H_z^{\mathrm{h}}\left(x,j+\frac{1}{2},k\right)}{\Delta_z^{\mathrm{h}}\sum\limits_{z=(k\Delta_z-\Delta_z/2)/\Delta_z^{\mathrm{h}}}^{(k\Delta_z+\Delta_z/2)/\Delta_z^{\mathrm{h}}} H_z^{\mathrm{h}}\left(i+\frac{1}{2},j+\frac{1}{2},z\right)} \tag{3-50}$$

其中，Δ_x^{h} 和 Δ_z^{h} 分别为 x 方向和 z 方向高分辨率 FDTD 法的空间步长。得到的$\varepsilon_{\mathrm{r,eff}}$和 $\mu_{\mathrm{r,eff}}$随时间的变化如图 3-26 所示。可以看到，$\mu_{\mathrm{r,eff}}$基本不随时间变化；而$\varepsilon_{\mathrm{r,eff}}$是随时间变化的，且$\varepsilon_{\mathrm{r,eff}}$和 $1/\mu_{\mathrm{r,eff}}$并不相等。即式 (3-8) 并不严格成立，二者的误差为 6%~10%。

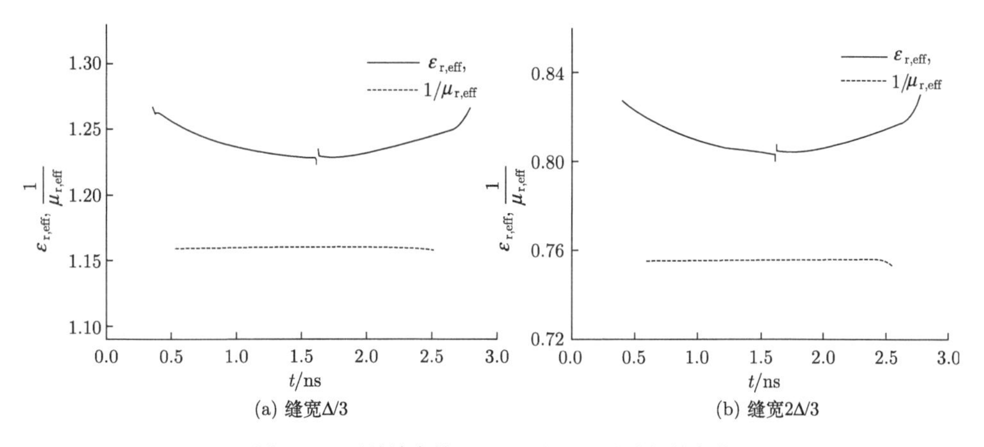

(a) 缝宽Δ/3　(b) 缝宽2Δ/3

图 3-26　两种缝宽情况下$\varepsilon_{\mathrm{r,eff}}$和 $\mu_{\mathrm{r,eff}}$随时间的变化

其次，改变窄缝宽度且始终保持高分辨率 FDTD 法的空间步长，可以得到不同窄缝宽度下的$\varepsilon_{\mathrm{r,eff}}$和 $1/\mu_{\mathrm{r,eff}}$。为方便比较，$\varepsilon_{\mathrm{r,eff}}$和 $\mu_{\mathrm{r,eff}}$均在窄缝内电场 E_x 的峰值时刻采样，其结果如图 3-27 所示。可以看到，$\varepsilon_{\mathrm{r,eff}}$和 $1/\mu_{\mathrm{r,eff}}$随窄缝宽度的减小而增大，且具有相似的趋势；但是 $1/\mu_{\mathrm{r,eff}}$始终小于$\varepsilon_{\mathrm{r,eff}}$，差值约为 10%。

此外，我们比较了高分辨率 FDTD 法和三种网格电容法所计算的$\varepsilon_{\mathrm{r,eff}}$值，结果如图 3-28 所示。由图可见，三种网格电容法算得的$\varepsilon_{\mathrm{r,eff}}$ 均存在较大的误差，G-CTSF 法的误差最大约为 15%，其余两种方法的结果十分相近，误差约为 8%。相对而言，Wu 等改进的 I-CTSF 具有更好的精度。

从上面的分析可以看到，$\varepsilon_{\mathrm{r,eff}}$是随时间变化的，$\mu_{\mathrm{r,eff}}$也不完全等于 $1/\varepsilon_{\mathrm{r,eff}}$。所以通过准静场近似得到窄缝$\varepsilon_{\mathrm{r,eff}}$和 $\mu_{\mathrm{r,eff}}$，并用它们模拟窄缝耦合是有误差的。

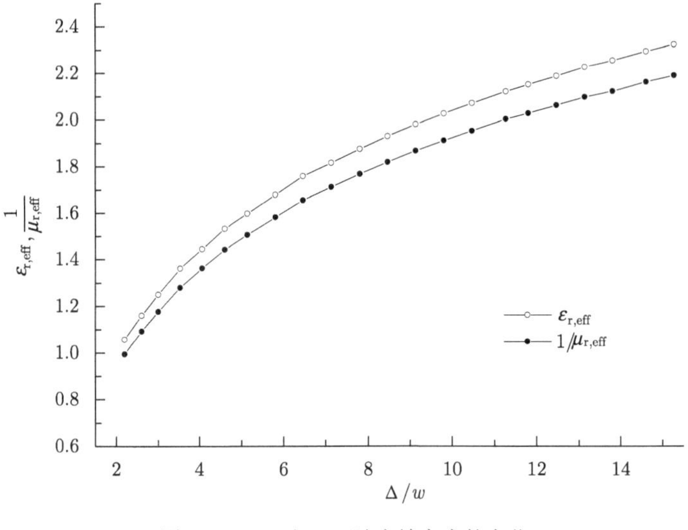

图 3-27　$\varepsilon_{r,eff}$ 和 $\mu_{r,eff}$ 随窄缝宽度的变化

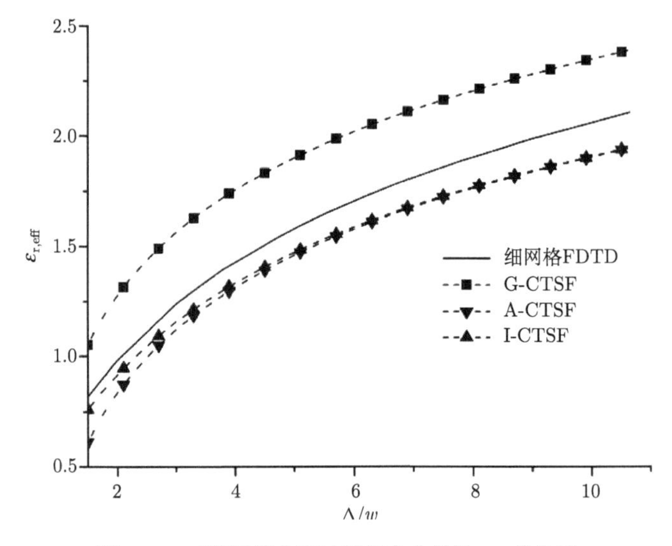

图 3-28　三种网格电容法所得介电常数 $\varepsilon_{r,eff}$ 的比较

3.3.2　环路积分法的精度分析

在通过环路积分法模拟窄缝的亚网格技术中，TSF 将窄缝附近的场近似为不随积分路径变化的常量，并用积分路径中点场值表示，其形状系数为 1.0；ETSF 引入了窄缝附近场量的奇异特性解，下面分别从窄缝附近电磁场分布和形状系数两个方面检验环路积分法的精度。采用 3.2.1 节模型，以空间步长 $\Delta^{h}=\Delta/153$ ($\Delta=$

15 mm，为亚网格技术空间步长) 的高分辨率 FDTD 法计算的窄缝附近电磁场的分布作为标准，分别检验了该模型中其他条件不变，窄缝宽度为$\Delta/9$、$\Delta/3$、$\Delta/2$、$2\Delta/3$ 时环路积分法的精度。

1. 电场 E_x在 z 方向分布的检验

不同窄缝宽度情况下，ETSF 引入的电场 E_x在 z 方向的奇异特性解与高分辨率 FDTD 法计算的场分布比较如图 3-23 所示 (实线为高分辨率 FDTD 法计算的场分布，虚线为 ETSF 拟合的场分布)，形状系数如表 3-1 所示。

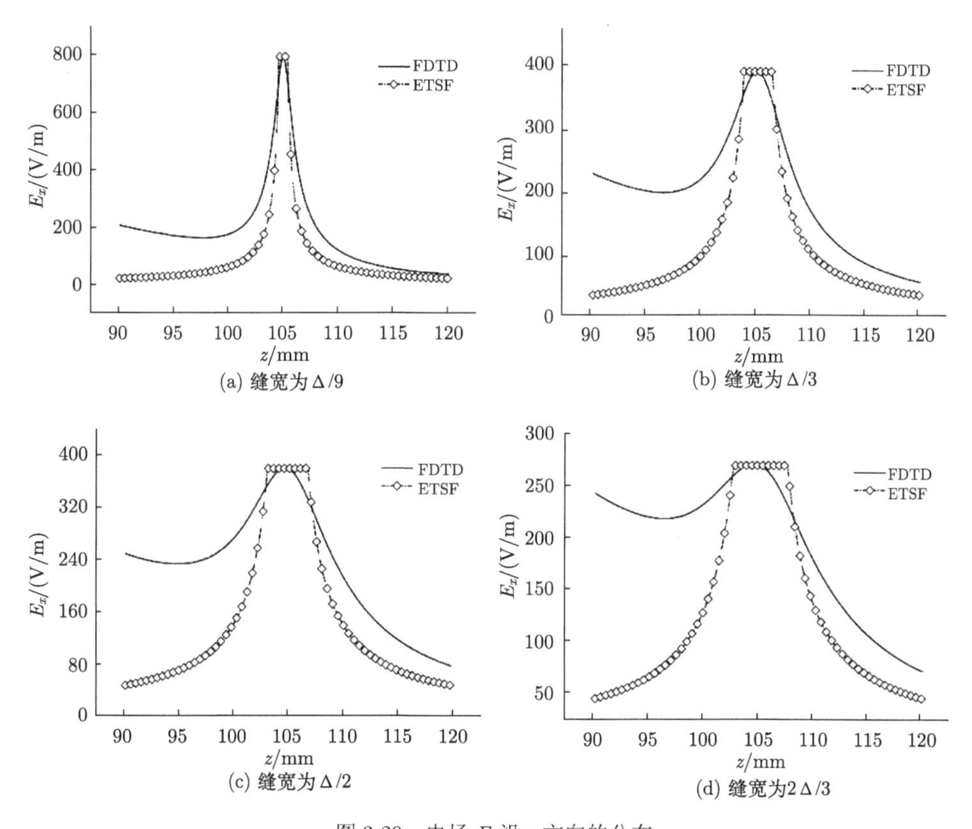

图 3-29　电场 E_x沿 z 方向的分布

由图 3-29 可见，与高分辨率 FDTD 法计算的场分布相比，ETSF 拟合电场 E_x沿 z 方向的分布不能反映 E_x在窄缝两侧的不对称分布，其误差随着窄缝宽度的增加而趋于明显，且误差主要来源于入射波来波方向。由表 3-1 可知，以高分辨率 FDTD 法计算的形状系数作为参考，ETSF 拟合电场 E_x沿 z 方向形状系数相对误差随窄缝的减小而增加，在缝宽为$\Delta/9$ 时达到 42%；TSF 形状系数始终为

1.0，在窄缝较宽时其误差稍小，当窄缝宽度较小时其误差是相当大的。

表 3-1 电场 E_x 分量在 z 方向的形状系数

形状系数/缝宽	Δ/9	Δ/3	Δ/2	2Δ/3
高精度	0.34	0.64	0.75	0.84
ETSF	0.20	0.47	0.59	0.69

2. *磁场 H_z 在 z 方向分布的检验*

不同窄缝宽度情况下，ETSF 引入的磁场 H_z 在 z 方向的奇异特性解与高分辨率 FDTD 法计算的场分布比较如图 3-30 所示 (实线为高分辨率 FDTD 法计算的场分布，虚线为 ETSF 拟合的场分布)，形状系数如表 3-2 所示。

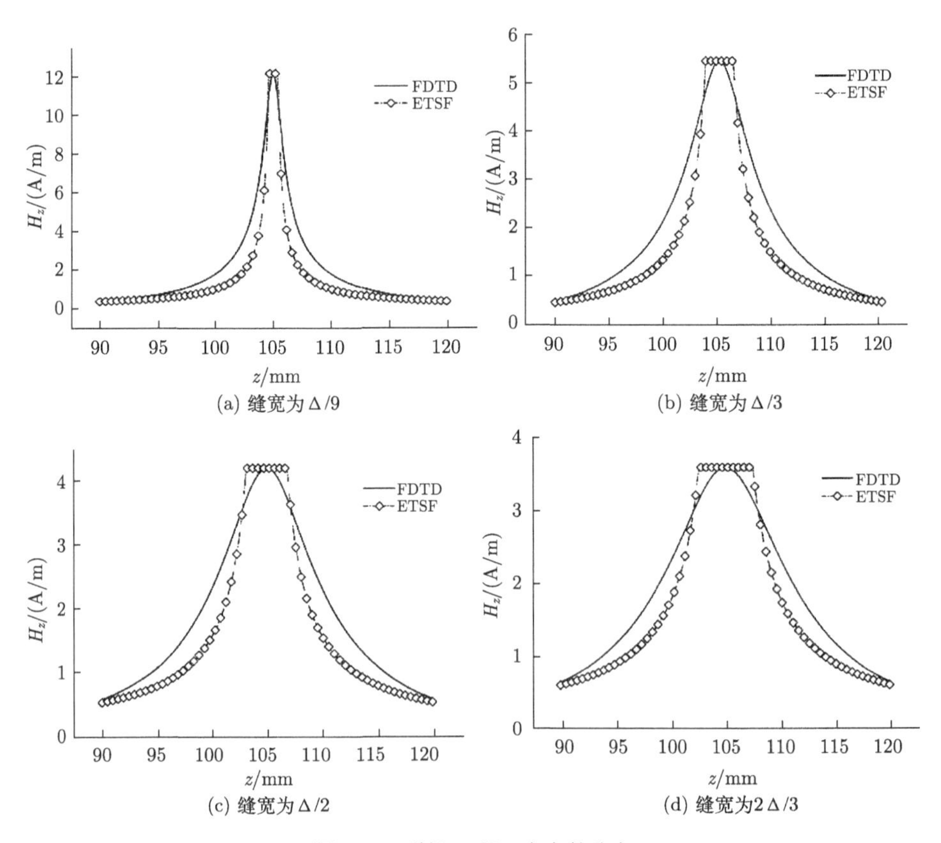

图 3-30 磁场 H_z 沿 z 方向的分布

表 3-2　磁场 H_z分量在 z 方向的形状系数

形状系数/缝宽	$\Delta/9$	$\Delta/3$	$\Delta/2$	$2\Delta/3$
高精度	0.30	0.58	0.69	0.75
NTSF	0.20	0.47	0.59	0.69

由图 3-30 可见，与高分辨率 FDTD 法计算的场分布相比，ETSF 拟合磁场 H_z沿 z 方向的分布存在一定的误差；由表 3-2 可知，若以高分辨率 FDTD 法计算的形状系数作为参考，ETSF 拟合磁场 H_z分量在 z 方向形状系数相对误差随窄缝的减小而增加，在缝宽为Δ / 9 时达到 33%；TSF 形状系数始终为 1.0，其误差在窄缝较宽时稍小，当窄缝宽度较小时其误差是相当大的。

3. 窄缝内磁场 H_z 沿 y 方向分布的检验

不同窄缝宽度情况下，ETSF 引入的磁场 H_z在窄缝内沿 y 方向的奇异特性解与高分辨率 FDTD 法计算的场分布比较如图 3-31 所示 (实线为高分辨率 FDTD 法计算的场分布，虚线为 ETSF 拟合的场分布)，形状系数如表 3-3 所示。

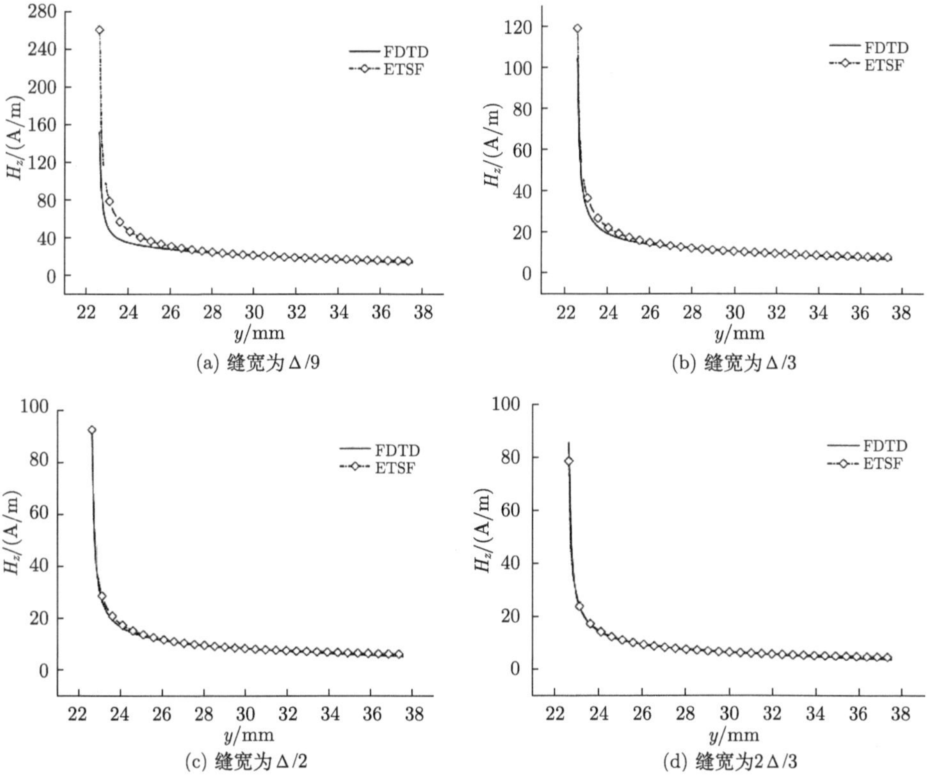

(a) 缝宽为Δ/9

(b) 缝宽为Δ/3

(c) 缝宽为Δ/2

(d) 缝宽为2Δ/3

图 3-31　磁场 H_z沿 y 方向的分布

表 3-3 磁场 H_z 分量在窄缝内沿 y 方向形状系数

形状系数/缝宽	$\Delta/9$	$\Delta/3$	$\Delta/2$	$2\Delta/3$
高精度	1.16	1.26	1.32	1.36
ETSF	1.38	1.38	1.38	1.38

由图 3-31 可见，与高分辨率 FDTD 法计算的场分布相比，当宽度较大时，ETSF 在窄缝两端引入的奇异特性解比较吻合；当窄缝宽度较小时，则存在较大误差。由表 3-3 可知，以高分辨率 FDTD 法计算的形状系数作为参考，ETSF 拟合形状系数相对误差随窄缝的减小而增加，在缝宽为$\Delta/9$ 时达到 20%；TSF 形状系数始终为 1.0，其误差随窄缝宽度的增加而增加。

此外，从图 3-19 可以看到，电场 E_x和磁场 H_z 分量在窄缝内沿 x 方向也是急剧变化的，其形状系数为 1.49。而 TSF 和 ETSF 将其近似为不随积分路径变化的常量，可以预见这必定会对模拟精度造成一定的影响。

3.4 结　论

本章首先对几种亚网格技术进行了介绍，重点研究了它们对窄缝近场的拟合方法。然后采用高分辨率 FDTD 法计算了典型窄缝附近的电磁场分布。并以高分辨率 FDTD 法的计算结果作为窄缝近场的参考值，分别检验了网格电容法和环路积分法的精度。通过本章分析可知，电磁场在窄缝附近变化极其复杂，现有的亚网格方法对窄缝附近电磁场变化规律的假设均存在一定误差。具体如下。

(1) 网格电容法 (G-CTSF、I-CTSF、A-CTSF) 通过相对介电常数$\varepsilon_{\mathrm{r,eff}}$求相对磁导率 $\mu_{\mathrm{r,eff}}$是存在误差的，即$\varepsilon_{\mathrm{r,eff}}=1/\mu_{\mathrm{r,eff}}$不成立，实际上$\varepsilon_{\mathrm{r,eff}}$大于 $1/\mu_{\mathrm{r,eff}}$。

(2) 网格电容法 (G-CTSF、I-CTSF、A-CTSF) 将相对介电常数$\varepsilon_{\mathrm{r,eff}}$作为不随时间变化的常量处理是存在误差的，实际上$\varepsilon_{\mathrm{r,eff}}$是随时间变化的。

(3) 网格电容法 (G-CTSF、I-CTSF、A-CTSF) 假设 E_x和 H_z 分量沿 y 方向变化很慢在窄缝两端是不成立的。

(4) TSF 将窄缝附近的场近似为不随积分路径变化的常量的做法是存在较大误差的，对于电场 E_x和磁场 H_z沿 z 方向的分布的假设在缝宽较小时误差尤其巨大。

(5) ETSF 引入的电场 E_x和磁场 H_z沿 z 方向的奇异特性解存在一定误差，且 ETSF 拟合的电场 E_x不能反映其在窄缝两侧的不对称分布；ETSF 对磁场 H_z在窄缝内沿 y 方向分布的假设在缝宽较小时是存在较大误差的。

(6) TSF 和 ETSF 对窄缝内电场 E_x和磁场 H_z沿窄缝短边的变化不作拟合，

用中点场值代替积分路径上场值的做法是存在较大误差的。

参 考 文 献

[1] Gilbert J, Holland R. Implementation of the thin-slot formalism in the finite-difference EMP code THREDII. IEEE Transactions on Nuclear Science, 1981, 28(6): 4269-4274.

[2] Smythe W R. Static and Dynamic Electricity. 3rd ed. New York: McGraw-Hill, 1968: 100-102.

[3] Wu C T, Pang Y H, Wu R B. An improved formalism for FDTD analysis of thin-slot problems by conformal mapping technique. IEEE Transactions on Antennas and Propagation, 2003, 51(9): 2530-2533.

[4] Gkatzianas M A, Balanis C A, Diaz R E. The Gilbert-Holland FDTD thin slot model revisited: An alternative expression for the in-cell capacitance. IEEE Microwave and Wireless Components Letters, 2004, 14(5): 219-221.

[5] Taflove A, Umashankar K R, Beker B, et al. Detailed FD-TD analysis of electromagnetic fields penetrating narrow slots and lapped joints in thick conducting screens. IEEE Transactions on Antennas and Propagation, 1988, 36(2): 247-257.

[6] 孙大伟,俞集辉. 屏蔽分析中的三维 FDTD 细孔缝模型. 电工技术学报,2006, 21(10): 7-11.

[7] Wang B Z. Enhanced thin-slot formalism for the FDTD analysis of thin-slot penetration. IEEE Microwave and Guided Wave letters, 1995, 5(5): 142-143.

[8] 王秉中. 计算电磁学. 北京: 科学出版社，2002.

第 4 章　零厚度窄缝的 FDTD 法模拟亚网格技术

为研究窄缝耦合机制，有必要了解无限大导体板上窄缝在平面波照射下的窄缝近区场的畸变情况。传统 FDTD 法中，平面波通常由总场/散射场 (total-field/scatter-field, TF/SF) 边界条件引入，而散射体要求被完全包围在总场区内。由于计算机内存的限制，传统 FDTD 法难以模拟无限大导体板问题。为此，本章首先建立了一种基于卷积完全匹配层 (CPML) 模拟无限大导体板上窄缝耦合的模型，并给出了高分辨率 FDTD 法条件下的 CPML 优化参数。

利用等效原理，通过引入等效磁流的概念，将窄缝附近的电磁场分解成两个相对独立的部分：一部分由等效磁流产生，采用准静态场近似处理，由保角变换得到；另一部分是入射波对近区场的贡献，通过对入射波一侧的场量线性近似得到。

为克服基于网格电容法的亚网格技术[1-3]的误差，本章提出了一种基于环路积分原理新的窄缝模拟亚网格技术。利用本章窄缝的 FDTD 法模拟亚网格技术，并结合并行技术和信号处理技术，提出了针对带有窄缝的大型屏蔽体的屏蔽效能分析方案。

4.1　无限大导体板模拟方案

本节将建立一种模拟平面波照射无限大导体板的 FDTD 法实现模型。此模型采用 CPML 截断计算区域[4-6]，将 TF/SF 边界伸入 CPML 区域内，并与 CPML 最外层的理想导体 (perfect electric conductor, PEC) 相连接。带有窄缝的导体板也一并伸入 CPML 区域内，并与 CPML 最外层的 PEC 层相连接。这样，便在有限区域内实现了对平面波照射无限大导体板的模拟。

在此模型中，由于 TF/SF 边界及导体板伸入 CPML 区域内，破坏了 CPML 结构的完整性。因此采用此模型通过高分辨率 FDTD 法模拟无限大导体板上窄缝的耦合时，常规 CPML 参数不能达到很好的吸收效果。为此，我们测试了不同参数下 CPML 的吸收效果，并给出了 CPML 参数的优化组合方案。

4.1.1　无限大导体板模型

为克服传统 TF/SF 边界难以模拟无限大导体板的问题，我们采用了图 4-1

所示的模型。计算区域采用 CPML 截断，CPML 区域的最外层由 PEC 边界截断。分别将 TF/SF 边界和导体板伸入 CPML 区域内，并与 CPML 最外的 PEC 边界相接。

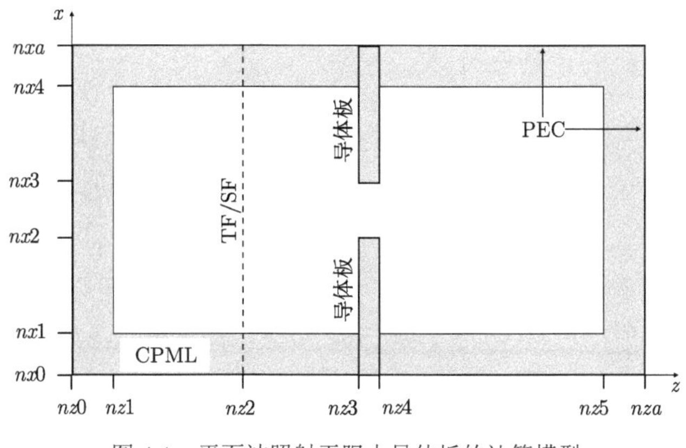

图 4-1　平面波照射无限大导体板的计算模型

以图 4-1 所示二维问题为例，在 CPML 中磁场 H_y 的迭代公式为

$$
\begin{aligned}
H_y^{n+\frac{1}{2}}\left(i+\frac{1}{2},k+\frac{1}{2}\right)=&\frac{2\mu-\sigma_{\mathrm{h}}\Delta t}{2\mu+\sigma_{\mathrm{h}}\Delta t}H_y^{n-\frac{1}{2}}\left(i+\frac{1}{2},k+\frac{1}{2}\right)\\
&-\frac{1}{\kappa_z\Delta_z}\left[E_x^n\left(i+\frac{1}{2},k+1\right)-E_x^n\left(i+\frac{1}{2},k\right)\right]\\
&+\frac{1}{\kappa_x\Delta_x}\left[E_z^n\left(i+1,k+\frac{1}{2}\right)-E_z^n\left(i,k+\frac{1}{2}\right)\right]\\
&+\psi_{m_{yx}}^n\left(i+\frac{1}{2},k+\frac{1}{2}\right)-\psi_{m_{yz}}^n\left(i+\frac{1}{2},k+\frac{1}{2}\right)
\end{aligned}
\tag{4-1}
$$

其中，μ 为磁导率；σ_{h} 为导磁率；κ_x 和 κ_z 分别是 x 方向和 z 方向的结构参数，$\psi_{m_{yx}}^n$ 和 $\psi_{m_{yz}}^n$ 可通过下式得到

$$
\begin{aligned}
\psi_{m_{yx}}^n\left(i+\frac{1}{2},k+\frac{1}{2}\right)=&\,b_x\psi_{m_{yx}}^{n-1}\left(i+\frac{1}{2},k+\frac{1}{2}\right)\\
&+\frac{a_x}{\Delta_x}\left[E_z^n\left(i+1,k+\frac{1}{2}\right)-E_z^n\left(i,k+\frac{1}{2}\right)\right]
\end{aligned}
\tag{4-2}
$$

$$\psi_{m_{yz}}^{n}\left(i+\frac{1}{2},k+\frac{1}{2}\right)=b_z\psi_{m_{yz}}^{n-1}\left(i+\frac{1}{2},k+\frac{1}{2}\right)+\frac{a_z}{\Delta_z}\left[E_x^n\left(i+\frac{1}{2},k+1\right)-E_x^n\left(i+\frac{1}{2},k\right)\right] \tag{4-3}$$

CPML 电场 E_x的计算公式为

$$E_x^{n+1}\left(i+\frac{1}{2},k\right)=\frac{2\varepsilon-\sigma\Delta t}{2\varepsilon+\sigma\Delta t}E_x^n\left(i+\frac{1}{2},k\right)-\psi_{e_{xz}}^{n+\frac{1}{2}}\left(i+\frac{1}{2},k\right)-\frac{1}{\kappa_z\Delta_z}\left[H_y^{n+\frac{1}{2}}\left(i+\frac{1}{2},k+\frac{1}{2}\right)-H_y^{n+\frac{1}{2}}\left(i+\frac{1}{2},k-\frac{1}{2}\right)\right] \tag{4-4}$$

其中，ε为介电常数；σ为电导率；$\psi_{e_{xz}}^{n+\frac{1}{2}}$可通过下式得到

$$\psi_{e_{xz}}^{n+\frac{1}{2}}\left(i+\frac{1}{2},k\right)=b_z\psi_{e_{xz}}^{n-\frac{1}{2}}\left(i+\frac{1}{2},k\right)+\frac{a_z}{\Delta_z}\left[H_y^{n+\frac{1}{2}}\left(i+\frac{1}{2},k+\frac{1}{2}\right)-H_y^{n+\frac{1}{2}}\left(i+\frac{1}{2},k-\frac{1}{2}\right)\right] \tag{4-5}$$

CPML 电场 E_z的计算公式为

$$E_z^{n+1}\left(i,k+\frac{1}{2}\right)=\frac{2\varepsilon-\sigma\Delta t}{2\varepsilon+\sigma\Delta t}E_z^n\left(i,k+\frac{1}{2}\right)+\psi_{e_{zx}}^{n+\frac{1}{2}}\left(i,k+\frac{1}{2}\right)+\frac{1}{\kappa_x\Delta_x}\left[H_y^{n+\frac{1}{2}}\left(i+\frac{1}{2},k+\frac{1}{2}\right)-H_y^{n+\frac{1}{2}}\left(i-\frac{1}{2},k+\frac{1}{2}\right)\right] \tag{4-6}$$

其中

$$\psi_{e_{zx}}^{n+\frac{1}{2}}\left(i,k+\frac{1}{2}\right)=b_x\psi_{e_{zx}}^{n-\frac{1}{2}}\left(i,k+\frac{1}{2}\right)+\frac{a_x}{\Delta_x}\left[H_y^{n+\frac{1}{2}}\left(i+\frac{1}{2},k+\frac{1}{2}\right)-H_y^{n+\frac{1}{2}}\left(i-\frac{1}{2},k+\frac{1}{2}\right)\right] \tag{4-7}$$

式 (4-2)、式 (4-3)、式 (4-5) 和式 (4-7) 中的系数 a_i 和 b_i 通过以下两式得到

$$b_i=\exp\left[-\left(\frac{\sigma_i}{\kappa_i}+\alpha_i\right)\frac{\Delta t}{\varepsilon_0}\right],\quad i=x,z \tag{4-8}$$

$$a_i=\frac{\sigma_i}{\sigma_i\kappa_i+\kappa_i^2\alpha_i}\left\{\exp\left[-\left(\frac{\sigma_i}{\kappa_i}+\alpha_i\right)\frac{\Delta t}{\varepsilon_0}\right]-1\right\},\quad i=x,z \tag{4-9}$$

在 CPML 内，结构参数通常采用以下函数形[4,5]：

$$\sigma(\rho)=\sigma_{\max}(\rho / D)^m \tag{4-10}$$

$$\kappa(\rho)=1+(\kappa_{\max}-1)(\rho / D)^m \tag{4-11}$$

$$\alpha(\rho)=\alpha_{\max}(1-\rho / D)^m \tag{4-12}$$

其中，ρ 代表 CPML 靠近 FDTD 法区域的界面位置至 CPML 内某一层的距离；D 是 CPML 的厚度，m 为整数。Gedney 研究表明，当 m=4 时为最佳，以及$\sigma_{\max}$的最佳值σ_{opt}可取为[4]

$$\sigma_{\text{opt}}=\frac{m+1}{150\pi\Delta_i},\quad i=x,z \tag{4-13}$$

其中，Δ_i 分别表示 x 方向与 z 方向的空间步长。

为模拟带窄缝的无限大导体板 (此处导体板用 PEC 条件定义)，我们将导体板伸入 CPML 区域内，并与 CPML 最外层的 PEC 边界相连接，如图 4-1 中 CPML 内阴影区域所示，即

$$E_x(x,nz3:nz4)=\begin{cases}E_x(x,nz3:nz4), & x\in(nx2,nx3)\\ 0, & x\in(nx0,nx2)\cup(nx3,nxa)\end{cases} \tag{4-14}$$

在与导体板平行的位置设置 TF/SF 边界，并将其一并伸入 CPML 区域内且与 CPML 最外层的 PEC 边界相连。故只需在一个面上设置 TF/SF 边界条件，其引入公式为

$$H_y^{n+\frac{1}{2}}(x,nz2-\tfrac{1}{2})=H_y^{n+\frac{1}{2}}(x,nz2-\tfrac{1}{2})_{\text{FDTD}}+\frac{\Delta t}{\mu\Delta_z}E_{x,\text{inc}}^n(nz2),\quad x\in(nx0,nxa) \tag{4-15}$$

$$E_x^{n+1}(x,nz2)=E_x^{n+1}(x,nz2)_{\text{FDTD}}+\frac{\Delta t}{\varepsilon\Delta_z}H_{y,\text{inc}}^{n+\frac{1}{2}}(nz2-\frac{1}{2}),\quad x\in(nx0,\ nxa) \tag{4-16}$$

此处特别值得注意的是，E_x和 H_y 在 x 方向都是从 $nx0$ 到 nxa，即从下 CPML 的最外层的 PEC 边界到上 CPML 的最外层的 PEC 边界。电场和磁场的迭代顺序与普通 TF/SF 边界条件一样。

对平面波斜入射情况，采用广义连接边界[7]：

$$\psi_{\text{inc}}^{\text{num}}=X_0^{\text{num}}A_{\text{PML}}(\theta^{\text{inc}},\xi_x,\xi_y) \tag{4-17}$$

其中，$\psi_{\text{inc}}^{\text{num}}$ 表示 CPML 中式 (4-15) 和式 (4-16) 中的 $E_{x,\text{inc}}^n$或者 $H_{y,\text{inc}}^{n+\frac{1}{2}}$；$X_0^{\text{num}}$ 为

相应的自由空间入射场分量；$A_{\text{PML}}\left(\theta^{\text{inc}},\xi_x,\xi_y\right)$是和入射波方向、匹配层参数有关的系数。当入射波由自由空间向匹配层传输，该系数为衰减因子，反之则为增长因子。θ^{inc}为平面波入射角；$\xi_x=\text{d}_x\xi_{x,\text{PML}}$、$\xi_y=\text{d}_y\xi_{y,\text{PML}}$；$\xi_{x,\text{PML}}$和$\xi_{y,\text{PML}}$分别是 CPML 内某一点处 x 方向和 y 方向的电场和磁场衰减常数。

采用这种模型的一个典型好处就是，TF/SF 边界右侧的区域都是总场区，从而能够在一个有限的区域内模拟平面波照射无限大导体板的问题。

4.1.2 模型有效性的验证

为验证本模型的有效性，我们分两步进行。首先验证本模型中 TF/SF 边界条件的有效性；然后再验证本模型中导体板设置的有效性。

1. TF/SF 边界条件的有效性的验证

这里将通过数值结果来验证本模型中 TF/SF 方案的有效性。采用的二维计算区域如图 4-2 所示，与图 4-1 相比没有设置导体板。FDTD 法计算区域在 x 方向和 z 方向分别用 10 层 CPML 截断，整个计算区域的大小为 45×60 个网格。TF/SF 边界条件距左侧 CPML 界面 12 个网格，距右侧 CPML 界面 28 个网格，上、下 CPML 界面相距各 25 个网格。

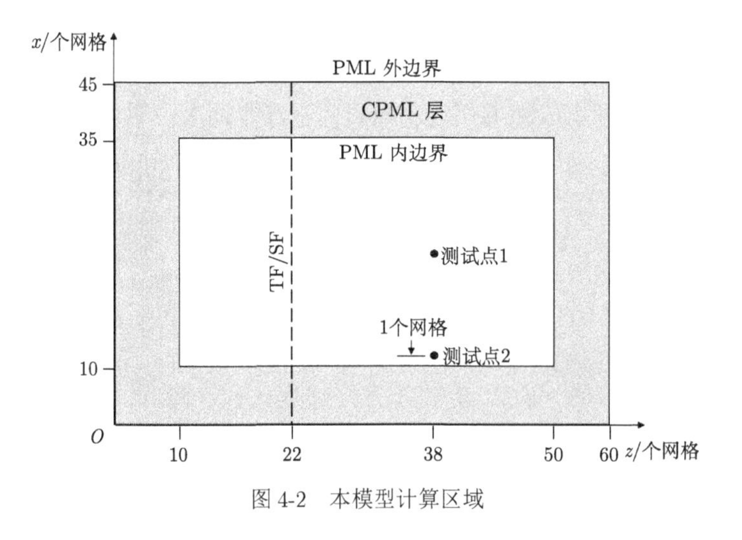

图 4-2 本模型计算区域

这里使用调制高斯脉冲作为激励源

$$E_x(t)=\exp\left[-4\pi\left(\frac{t-T_c}{T_d}\right)^2\right]\sin\left[2\pi f_c\left(t-T_c\right)\right] \tag{4-18}$$

其中，f_c=1 GHz，$T_d=2/f_c$，T_c=0.6 T_d。模拟的空间步长为Δ=1 cm，时间步长$\Delta t=\Delta/(2c)$。分别测试了距离 TF/SF 边界 16 个网格平面上两点的电场 E_x，其中测试点 1 位于 x 方向的中点，测试点 2 距 CPML 边界 1 个网格。

图 4-3 所示为这两点的电场 E_x时域波形；作为参考，解析解也一并给出。可以看到，两个点的波形与解析解完全一致，从而证明这种 TF/SF 方案的有效性。

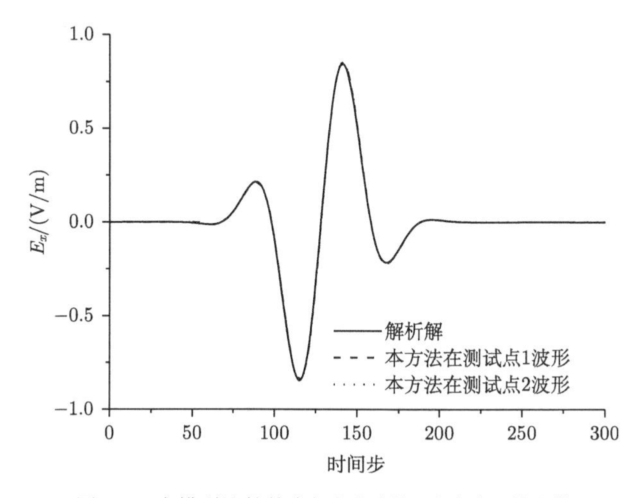

图 4-3　本模型计算的电场与解析解时域波形的比较

2. 验证导体板设置方案

为验证导体板设置方案的有效性，在图 4-1 模型中，导体板设置在距 TF/SF 边界 12 个网格处，距右侧 CPML 边界 15 个网格处。导体板厚度为 1 个网格，窄缝位于导体板中央，窄缝宽度也是 1 个网格，如图 4-4 所示。

为提供验证的标准，将计算域在各个方向均延长 150 个网格，计算域扩大到 340×350 个网格。由于计算只进行了 300 个时间步，因此从导体板与 CPML 接合处的反射不能在模拟结束前到达，这样得到的电磁场波形可以认为是对该窄缝耦合的无限大区域模拟的准确解。采样点与图 4-2 相同，两个采样点的电场时域波形如图 4-5 所示。可以看到由本模型计算的电场波形与参考波形完全一致，说明本模型中导体板设置方案是可行的。

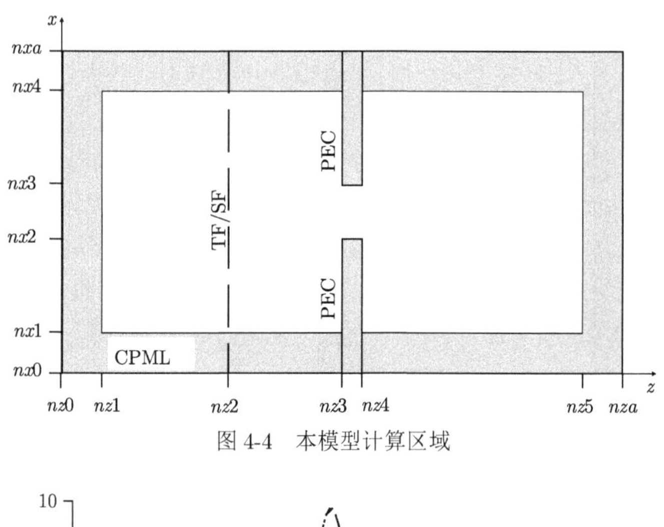

图 4-4　本模型计算区域

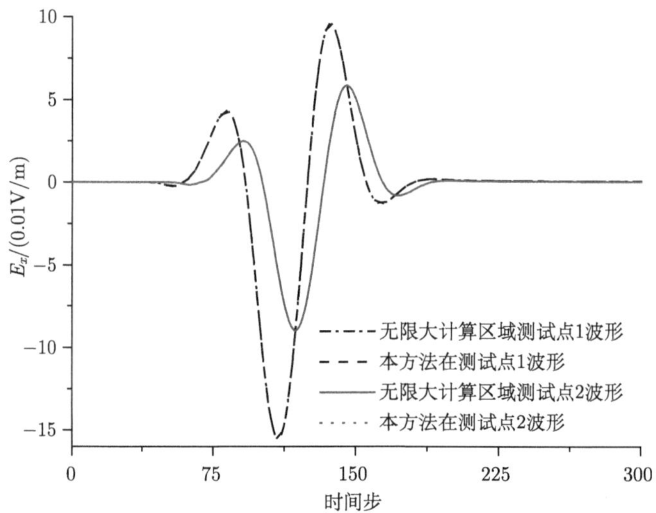

图 4-5　计算的电场 E_x 与开放区域时域波形计算结果的比较

4.1.3　高分辨率模拟时的 CPML 参数

在用 FDTD 法分析窄缝耦合时，为获得精确解，空间步长必须比窄缝尺寸小得多[8]。从图 4-3 和图 4-5 可以看到，CPML 在处理窄缝耦合时具有非常不错的吸收效果。但是由于 TF/SF 边界和导体板伸入 CPML 区域内，破坏了其完整性，导致其在高分辨率模拟时的表现受到极大的影响。

为研究高分辨率 FDTD 法时的 CPML 参数，采用图 4-4 的计算域。激励源与式 (4-18) 一样，空间步长为 $\Delta=\Delta_x=\Delta_z=0.3$ mm。窄缝所在导体板厚度为 20 个网格，窄缝位于导体板中央，宽度为 15 个网格，采用 10 层 CPML 截断，整个计算区域为 55×166 个网格，如图 4-6 所示。

为提供比较的参考，将本问题在各个方向上分别延长 4500 个网格，计算域扩大到 9055×9166 个网格，得到 $E_x^{\mathrm{R}}(t)$ 参考值。这里引入反射误差来研究 CPML 的吸收效果，反射误差由下式给出：

$$R_{\mathrm{dB}} = 20\log_{10}\frac{\left|E_x^{\mathrm{R}}(t)-E_x^{\mathrm{T}}(t)\right|}{\max\left|E_x^{\mathrm{R}}(t)\right|} \tag{4-19}$$

其中，$E_x^{\mathrm{T}}(t)$ 是利用本模型模拟的 E_x 时域波形。

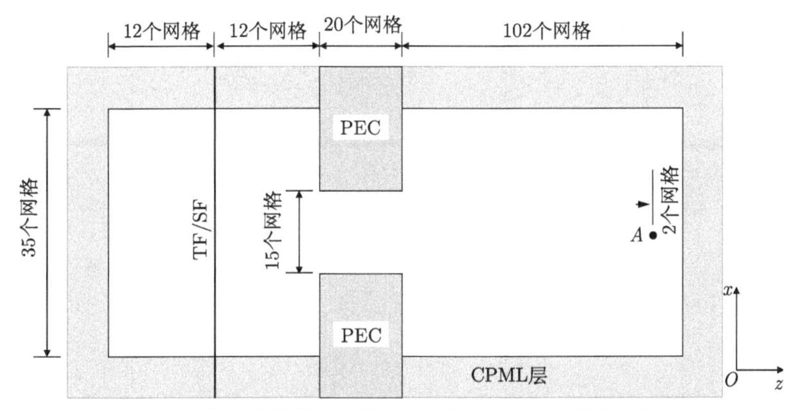

图 4-6　二维计算区域，采样点与右侧 CPML 层相距 2 个网格

在文献[5]中，$\kappa_{\max}=5$，$\sigma_{\max}/\sigma_{\mathrm{opt}}=1.3$，$\alpha$ 由式 (4-12) 确定且 $\alpha_{\max}=0.05$；在文献[9]中 $\kappa_{\max}=25$，$\sigma_{\max}/\sigma_{\mathrm{opt}}=1.6$，$\alpha$ 在 CPML 内为常数，且 $\alpha=0.003$。测试点距右侧 CPML 2 个网格 (即 0.6 mm)，时域反射误差由式 (4-19) 得到，如图 4-7 所示。由图 4-7 以看到，当采用文献[5]和文献[9]的参数时，最大反射误差可达到−50 dB。

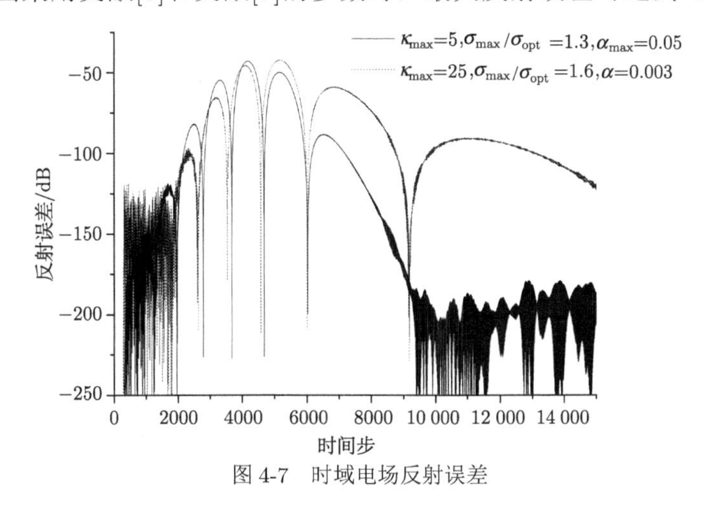

图 4-7　时域电场反射误差

为获得更好的 CPML 吸收效果，α由式 (4-12) 确定。分别变化$\kappa_{\max}$和$\alpha_{\max}$的值，得到对应的反射误差，其反射误差最大值如图 4-8 所示。可以看到，当取$\kappa_{\max}$=40，$\sigma_{\max}/\sigma_{\text{opt}}$=0.9 时，能够达到–115 dB 的吸收效果。

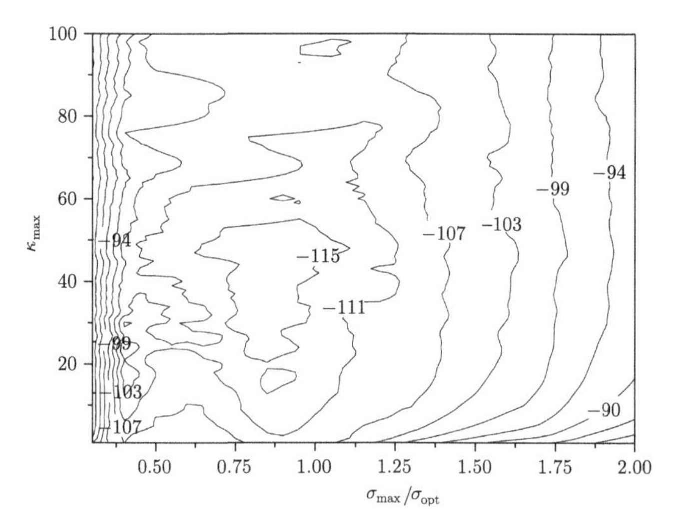

图 4-8　最大反射误差随$\kappa_{\max}$和$\sigma_{\max}/\sigma_{\text{opt}}$的变化而变化

4.1.4　三维条件下验证本模型的有效性

为验证高分辨率 FDTD 法下的 CPML 参数的有效性，这里将之应用到如图 4-9 所示的三维问题。窄缝尺寸为 $L\times w$=150 mm×1 mm，其所在的无限大导体板厚度为 2 mm。激励脉冲为

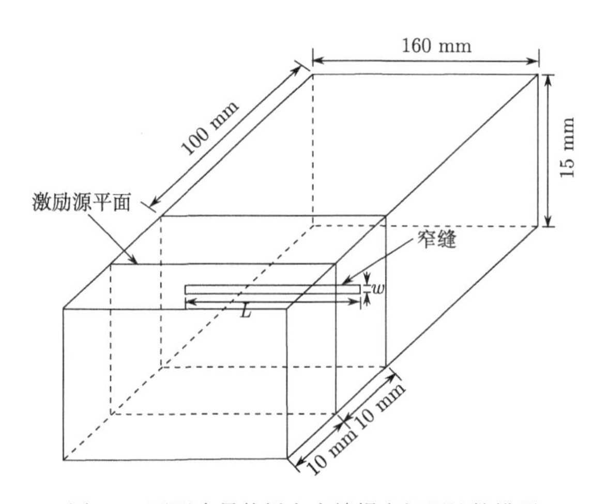

图 4-9　无限大导体板上窄缝耦合问题计算模型

$$E_x^{\text{inc}}(t)=\frac{1}{0.8258}\frac{1}{\mathrm{e}^{[-20(t-t_0)/\beta]}+\mathrm{e}^{[(t-t_0)/\beta]}} \tag{4-20}$$

其中，β=3.251×10^{-9} s；t_0=6.67×10^{-9} s。

采用正方体网格，其空间步长为$\Delta=\Delta_x=\Delta_y=\Delta_z=1/11$ mm，时间步长为Δt=0.06 ps。采用 10 层 CPML 截断，采样点位于距导体板 90 mm 的平面中心处。采用不同 CPML 参数时，采样点的电场时域波形如图 4-10 所示。可以看到，在高分辨率 FDTD 法模拟无限大导体板上窄缝耦合时，本书的 CPML 参数具有比文献[5]和文献[9]更好的吸收效果。

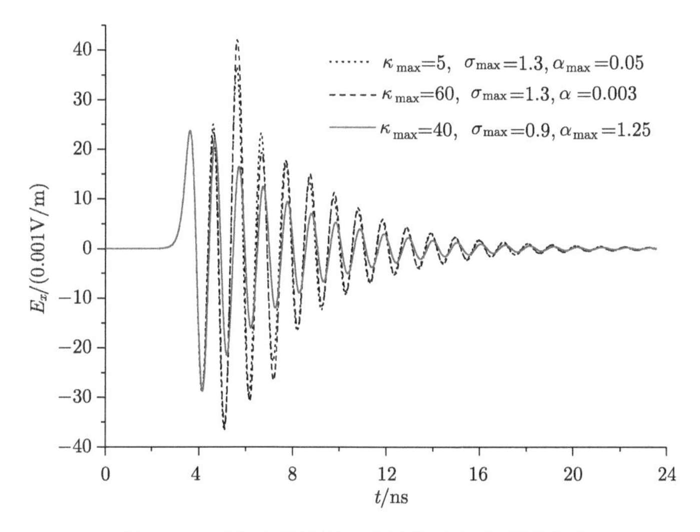

图 4-10　无限大导体板上窄缝耦合问题时域波形

因此，可以说本节给出的 CPML 参数在高分辨率 FDTD 法模拟无限大导体板上窄缝耦合时是有效的。

4.2　零厚度窄缝的近场分布

在利用亚网格技术模拟窄缝耦合时，亚网格技术的精度决定于窄缝近场的模拟精度。从第 3 章的分析可以看到，电磁场在窄缝附近剧烈变化，对其作线性假设或是简单的近似都将导致较大的模拟误差[10,11]。

4.2.1　利用等效原理分解窄缝耦合

借鉴矩量法求解窄缝耦合问题[12]，利用等效原理的概念，将窄缝附近的电磁场分解成两个相对独立的部分，如图 4-11 所示。设一入射波照射在带有窄缝的屏蔽体上，利用等效原理可将图 4-11(a) 的原问题等效为图 4-11(b) 所示的问题求解。在图 4-11(b) 中，计算域被分成两个相对独立的区域，区域 b 是一个完全封闭的理想导体屏蔽体。原窄缝处被理想导体封闭，区域 b 的源为等效磁流源$-\boldsymbol{M}$。其余区域为区域 a，区域 a 中的源有两部分：一是入射波源；二是等效磁流源 $\boldsymbol{M}$。

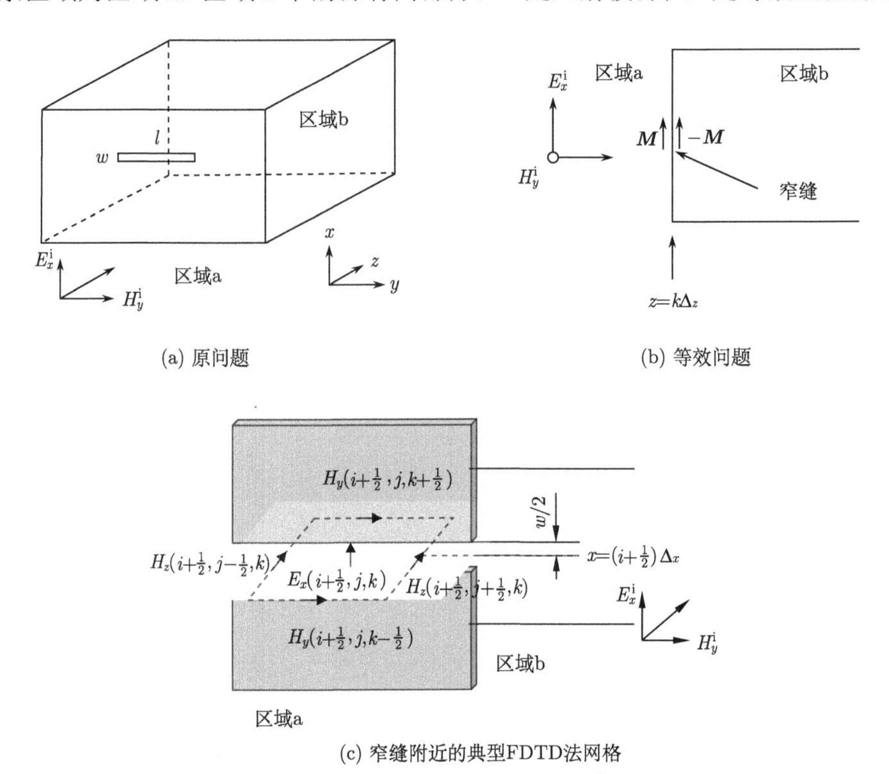

图 4-11　窄缝耦合的等效及窄缝附近的典型差分网格

对于等效问题，由于窄缝被理想导体封闭，两个区域是独立的，在矩量法中是分开独立计算的，但我们这里仅仅是借鉴这一等效概念，并不分区进行计算。假设区域 b 中$-\boldsymbol{M}$在窄缝附近产生的场为 E^{-M}；区域 a 中窄缝附近的场为 E^{a}，它由两部分组成：一部分是 $\boldsymbol{M}$ 产生的场 E^{M}，另一部分是入射波在用理想导体封闭窄缝后在窄缝附近产生的总场 E^{s}，则有

$$E^{\mathrm{a}} = E^{M} + E^{\mathrm{s}} \tag{4-21}$$

$$H^{\mathrm{a}} = H^{M} + H^{\mathrm{s}} \tag{4-22}$$

E^{a}和 H^{a}分别为区域 a 中窄缝附近的电场和磁场。对于 b 区域同样有

$$E^{\mathrm{b}}=E^{-\boldsymbol{M}} \tag{4-23}$$

$$H^{\mathrm{b}}=H^{-\boldsymbol{M}} \tag{4-24}$$

由于 FDTD 法亚网格技术中，只需要距离等效磁流源 $\boldsymbol{M}$、$-\boldsymbol{M}$ 非常近的区域内的电磁场，故可以采用准静态近似处理，我们借鉴 Wu 的保角变换法求解[2]。E^{s}和 H^{s}是入射波在理想导体上反射场与入射场的叠加之和。至此，我们采用等效原理的概念，将窄缝附近的电磁场分解成两个相对独立的部分，下面将重点讨论这两部分场的计算方法。

4.2.2 窄缝的近场分布规律

对于较长的窄缝附近的场分布，其可简化为图 4-12。利用保角变换的原理，通过施瓦茨-克里斯托费尔 (Schwarz-Chirstoffel) 变换

$$\varpi=u+\mathrm{j}v=f\left(y\right)=\mathrm{j}\left(\frac{1}{\pi}\arcsin\frac{2y}{w}+\frac{1}{2}\right) \tag{4-25}$$

可将图 4-12(a) 所示的共面传输线变换到图 4-12(b) 所示半无限大平面。

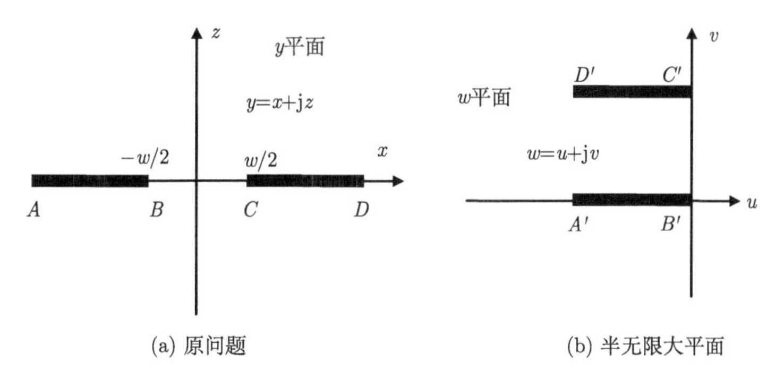

(a) 原问题　　(b) 半无限大平面

图 4-12　共面传输线变换到半无限大平面

在 (u, v) 平面中，变化域是半无限大的平行导体板结构，解析的场分布可通过 $\phi(x,z)=v$ 得到。通过复数域分析，(x, z) 平面的场分布为

$$\phi(x,z)=v=\mathrm{Im}(f(y))\Big|_{y=x+\mathrm{j}z} \tag{4-26}$$

通过 $E=-\nabla\phi(x,z)$，求得窄缝附近电场 E_x的分布

$$E_x=-\frac{\partial\phi(x,y)}{\partial x}=\frac{-2\,/\,w\pi}{\mathrm{Re}\sqrt{1-\left[2(x+\mathrm{j}z)\,/\,w\right]^2}} \tag{4-27}$$

在 z=0 平面，式 (4-27) 可化为

$$E_x^M\Big|_{z=0}=\frac{-2/w\pi}{\sqrt{1-\left(2x/w\right)^2}} \tag{4-28}$$

在 x=0 平面，式 (4-27) 可化为

$$E_x^M\Big|_{x=0}=\frac{-2/w\pi}{\sqrt{1+\left(2z/w\right)^2}} \tag{4-29}$$

对于将窄缝封堵后的电场 E^{s} 和磁场 H^{s}，由于我们关心的只是一个空间步长内的变化，而 FDTD 法网格满足$\Delta\leqslant\lambda/10$，故作线性假设，即

$$E_x^{\mathrm{s}}(i+\tfrac{1}{2},j,z)=\left[E_x(i+\tfrac{1}{2},j,k-1)-E_x(i+\tfrac{1}{2},j,k+1)\right]\frac{k\Delta_z-z}{\Delta_z} \tag{4-30}$$

将式 (4-28) 应用到图 4-11(c) 所示的网格内，可以得到 E_x 沿 x 方向的变化规律

$$E_x(x,j,k)=E_x(i+\tfrac{1}{2},j,k)\frac{w/2}{\sqrt{(w/2)^2-\left[(i+\tfrac{1}{2})\Delta_x-x\right]^2}},\quad \left|x-(i+\tfrac{1}{2})\Delta_x\right|\leqslant w/2 \tag{4-31}$$

将式 (4-29) 和式 (4-30) 代入式 (4-21) 和式 (4-23)，可以得到 E_x 沿 z 方向的变化规律

$$E_x(i+\tfrac{1}{2},j,z)=\begin{cases}\dfrac{(k\Delta_z-z)}{\Delta_z}\left[E_x(i+\tfrac{1}{2},j,k-1)-E_x(i+\tfrac{1}{2},j,k+1)\right]\\ +\dfrac{w/2}{\sqrt{(w/2)^2+(z-k\Delta_z)^2}}E_x(i+\tfrac{1}{2},j,k), & (k-\tfrac{1}{2})\Delta_z\leqslant z\leqslant k\Delta_z\\ \dfrac{w/2}{\sqrt{(w/2)^2+(z-k\Delta_z)^2}}E_x(i+\tfrac{1}{2},j,k), & k\Delta_z\leqslant z\leqslant(k+\tfrac{1}{2})\Delta_z\end{cases} \tag{4-32}$$

同理可得 H_z 沿 x 和 z 方向的变化规律

$$H_z(x,j+\tfrac{1}{2},k)=H_z(i+\tfrac{1}{2},j+\tfrac{1}{2},k)\frac{w/2}{\sqrt{(w/2)^2-\left[(i+\tfrac{1}{2})\Delta_x-x\right]^2}},\ \left|x-(i+\tfrac{1}{2})\Delta_x\right|\leqslant\frac{w}{2} \tag{4-33}$$

$$H_z(i+\tfrac{1}{2},j+\tfrac{1}{2},z)=H_z(i+\tfrac{1}{2},j+\tfrac{1}{2},k)\frac{w/2}{\sqrt{(w/2)^2+(z-k\Delta_z)^2}},\quad \left|z-k\Delta_z\right|\leqslant\frac{\Delta_z}{2} \tag{4-34}$$

4.2.3　近场分布公式的验证

为验证所推导窄缝附近电磁场模拟公式的精度，我们用高分辨率 FDTD 法对窄缝耦合进行模拟，并对 10 个时刻的电磁场采样，并将得到的电场代入下式：

$$E_x^{\mathrm{s}}(z)=E_x^{\mathrm{h}}(k\Delta_z-s)-E_x^{\mathrm{h}}(k\Delta_z+s),\qquad 0\leqslant s\leqslant\Delta_z/\Delta_z^{\mathrm{h}} \tag{4-35}$$

得到 10 个时刻的 $E_x^{\mathrm{s}}(z)$，如图 4-13 所示，其中窄缝所在导体板位于 z=105 mm 处，且Δ_z=15 mm，Δ_z^{h}=0.2 mm。可以看到，各个时刻的 $E_x^{\mathrm{s}}(z)$ 均是呈线性分布，从而证明了式 (4-30) 线性假设是合理的。

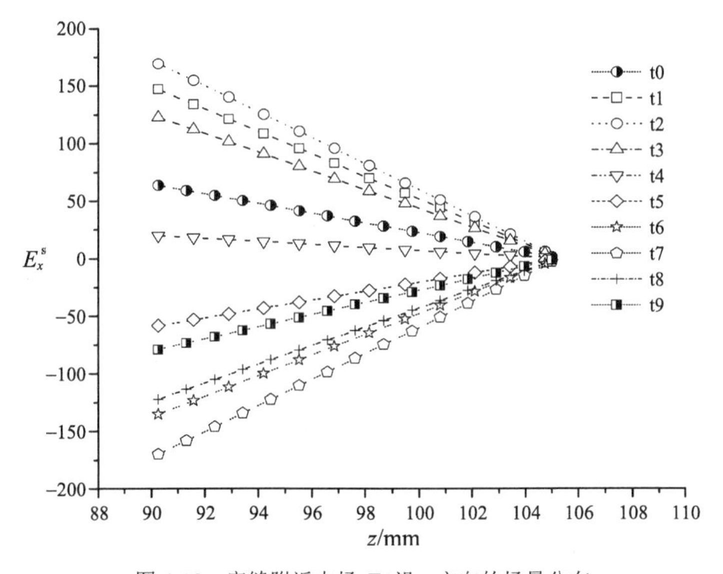

图 4-13　窄缝附近电场 E_x^{s} 沿 z 方向的场量分布

此外，我们还对式 (4-32) 的电场分布规律进行了验证，如图 4-14 所示，其中 ETSF 和 I-CTSF 分别为文献[11]和文献[2]的方法。可以看到，式 (4-32) 的电场 E_x 分布规律具有比其他方法更高的精度。

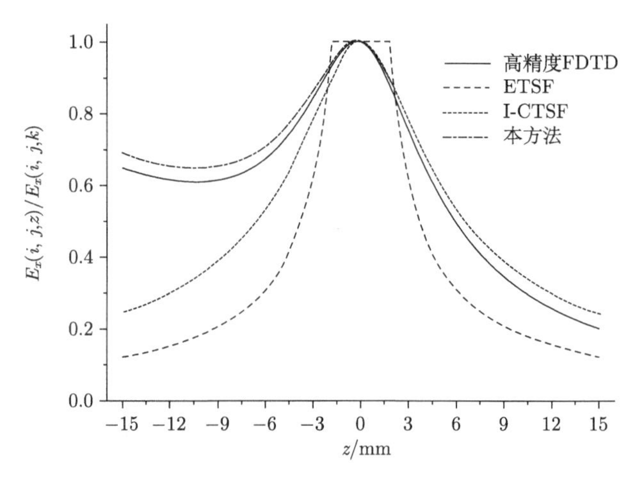

图 4-14 窄缝附近电场 E_x 沿 z 方向的场量分布

4.3 网格电容法的另一种形式

网格电容法是窄缝模拟的一种有效方法，本节首先分析了网格电容法的精度。由于网格电容只与窄缝和 FDTD 法网格尺寸有关，无法体现入射波对窄缝耦合的影响，因而其精度受到限制。在 4.2 节窄缝附近电磁场分布规律的基础上，我们提出了一种基于环路积分法的窄缝模拟亚网格技术。

4.3.1 数值模拟公式

利用 4.2 节得到的窄缝附近电磁场的分布规律，代入安培环路定律和法拉第定律即可推导出窄缝附近电磁场迭代的差分公式。考虑图 4-15 中的积分回路 C_1，将式 (4-32) 和式 (4-34) 代入安培环路定律得到

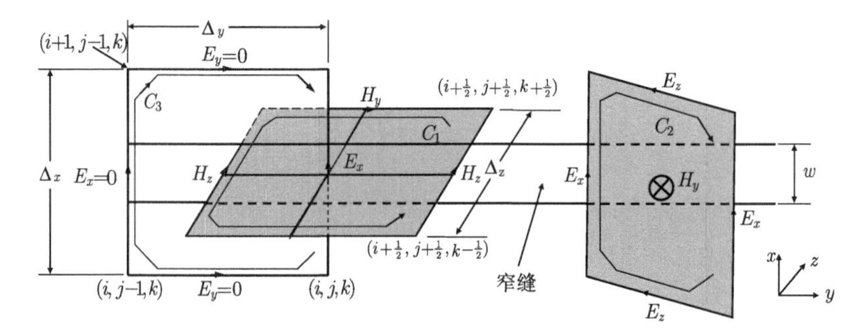

图 4-15 窄缝附近的典型 FDTD 法网格

$$\frac{\partial E_x\left(i+\frac{1}{2},j,k\right)}{\partial t}\Delta_y\int_{k\Delta_z-\Delta_z/2}^{k\Delta_z+\Delta_z/2}\frac{w/2}{\sqrt{(w/2)^2+z^2}}\mathrm{d}z$$

$$+\Delta_y\left[E_x\left(i+\frac{1}{2},j,k-1\right)-E_x\left(i+\frac{1}{2},j,k+1\right)\right]\int_{k\Delta_z-\Delta_z/2}^{k\Delta_z}\frac{(k\Delta_z-z)}{\Delta_z}\mathrm{d}z$$

$$=\frac{1}{\varepsilon}\left\{\left[H_z\left(i+\frac{1}{2},j+\frac{1}{2},k\right)-H_z\left(i+\frac{1}{2},j-\frac{1}{2},k\right)\right]\int_{k\Delta_z-\Delta_z/2}^{k\Delta_z+\Delta_z/2}\frac{w/2}{\sqrt{(w/2)^2+z^2}}\mathrm{d}z\right.$$

$$\left.-\left[H_y\left(i+\frac{1}{2},j,k+\frac{1}{2}\right)-H_y\left(i+\frac{1}{2},j,k-\frac{1}{2}\right)\right]\Delta_y\right\} \tag{4-36}$$

对时间中心差分离散可得

$$E_x^{n+1}\left(i+\frac{1}{2},j,k\right)=E_x^n\left(i+\frac{1}{2},j,k\right)+\frac{\Delta t}{\varepsilon\Delta_y}\left[H_z^{n+\frac{1}{2}}\left(i+\frac{1}{2},j+\frac{1}{2},k\right)-H_z^{n+\frac{1}{2}}\left(i+\frac{1}{2},j-\frac{1}{2},k\right)\right]$$

$$-\frac{\Delta t}{\varepsilon\Delta_y}\frac{\Delta_y/w}{\ln\left[\sqrt{1+(\Delta_z/w)^2}+\Delta_z/w\right]}\left[H_y^{n+\frac{1}{2}}\left(i+\frac{1}{2},j,k+\frac{1}{2}\right)-H_y^{n-\frac{1}{2}}\left(i+\frac{1}{2},j,k-\frac{1}{2}\right)\right]$$

$$-\frac{1}{8}\frac{\Delta_z/w}{\ln\left[\sqrt{1+(\Delta_z/w)^2}+\Delta_z/w\right]}\left\{\left[E_x^{n+1}\left(i+\frac{1}{2},j,k-1\right)-E_x^{n+1}\left(i+\frac{1}{2},j,k+1\right)\right]\right.$$

$$\left.-\left[E_x^n(i+\frac{1}{2},j,k-1)-E_x^n(i+\frac{1}{2},j,k+1)\right]\right\} \tag{4-37}$$

需要注意的是，在离散中，$E_x^{n+\frac{1}{2}}(i+\frac{1}{2},j,k\pm 1)$ 通过 $E_x^{n+1}(i+\frac{1}{2},j,k\pm 1)$ 和 $E_x^n(i+\frac{1}{2},j,k\pm 1)$ 的加权平均得到。在上式求解 $E_x^{n+1}(i+\frac{1}{2},j,k)$ 时用到了同一时刻的 $E_x^{n+1}(i+\frac{1}{2},j,k-1)$ 和 $E_x^{n+1}(i+\frac{1}{2},j,k+1)$，故而在迭代中应先求 $E_x^{n+1}(i+\frac{1}{2},j,k-1)$ 和 $E_x^{n+1}(i+\frac{1}{2},j,k+1)$，然后再求 $E_x^{n+1}(i+\frac{1}{2},j,k)$。

对于邻近窄缝的磁场分量 H_y，将法拉第定律应用于图 4-11 中的积分回路 C_2，并代入式 (4-31) 的电场变化规律，得

$$H_y^{n+\frac{1}{2}}\left(i+\frac{1}{2},j,k-\frac{1}{2}\right)=H_y^{n-\frac{1}{2}}\left(i+\frac{1}{2},j,k-\frac{1}{2}\right)-\frac{\Delta t}{\mu\Delta_z\Delta_x}\left\{\left[\frac{\pi w}{2}E_x^n\left(i+\frac{1}{2},j,k\right)\right.\right.$$

$$\left.\left.-\Delta_x E_x^n\left(i+\frac{1}{2},j,k-1\right)\right]-\Delta_z\left[E_z^n\left(i+1,j,k-\frac{1}{2}\right)-E_z^n\left(i,j,k-\frac{1}{2}\right)\right]\right\} \tag{4-38}$$

同理可以得到窄缝另一边的 H_y 迭代公式。

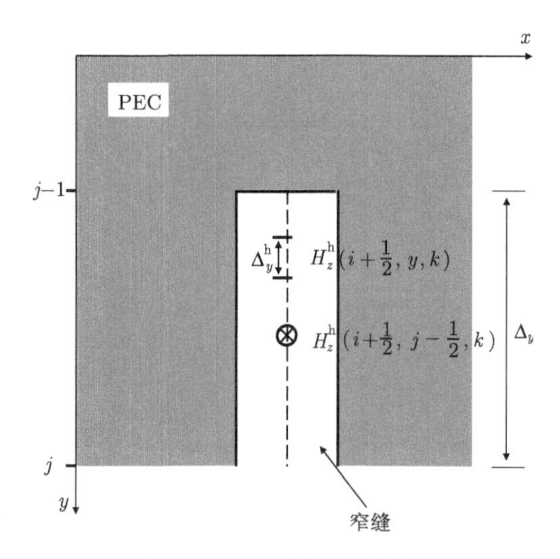

图 4-16　窄缝端部 H_z 的模拟

对于有限长度的窄缝，窄缝内的磁场 H_z 不仅沿 x 方向按式 (4-31) 变化，在窄缝端部沿 y 方向的变化也非常剧烈。如图 4-16 所示，为将窄缝短边的边缘效应纳入窄缝亚网格模拟公式内，引入端部系数 κ

$$\kappa = \frac{\Delta_y^h \int_{(j-1)\Delta_y}^{j\Delta_y} H_z\left(i+\frac{1}{2}, y, k\right)\mathrm{d}y}{\Delta_y H_z\left(i+\frac{1}{2}, j-\frac{1}{2}, k\right)} \tag{4-39}$$

为求得不同窄缝宽度下的端部系数 κ，我们采用高分辨率 FDTD 法模拟了不同宽度下的窄缝内磁场，并代入以下数值积分：

$$\kappa = \frac{\Delta_y^h \sum_{y=(j-1)\Delta_y/\Delta_y^h}^{j\Delta_y/\Delta_y^h} H_z^h\left(i+\frac{1}{2}, y, k\right)}{\Delta_y H_z^h\left(i+\frac{1}{2}, j-\frac{1}{2}, k\right)} \tag{4-40}$$

其中，Δ_y、Δ_y^h 和 H_z^h 定义与式 (3-49) 和式 (3-50) 一致。得到的端部系数如图 4-17 所示。

对图 4-15 中包围磁场 H_z 的 C_3 回路应用法拉第定律，并代入式 (4-31) 和式 (4-33) 的变化规律，并从图 4-17 查得端部系数，可得到 H_z 分量在窄缝两端的差分公式

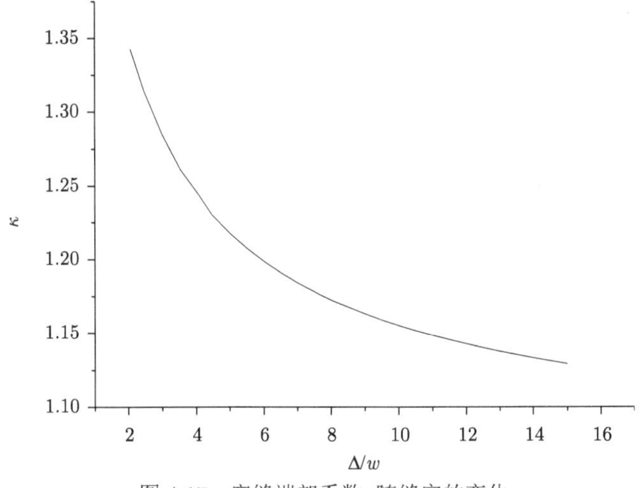

图 4-17　窄缝端部系数κ随缝宽的变化

$$H_z^{n+\frac{1}{2}}\left(i+\frac{1}{2},j-\frac{1}{2},k\right)=H_z^{n-\frac{1}{2}}\left(i+\frac{1}{2},j-\frac{1}{2},k\right)+\frac{1}{\kappa}\frac{\Delta t}{\mu_0\Delta_y}E_x^n\left(i+\frac{1}{2},j,k\right) \tag{4-41}$$

对于窄缝中部的 H_z 分量，由于电场与磁场沿 x 方向具有相同的变化规律，故而其迭代公式与普通 FDTD 法一样。其他电磁场分量差分格式与普通 FDTD 法一样。

4.3.2　算法有效性的验证

为验证算法的有效性，首先试验了无限大导体板上窄缝耦合的问题。窄缝尺寸同 3.2.1 节，采样点位于距导体板 45 mm 处的平面中央。作为参考标准的高分辨率 FDTD 法的网格尺寸为 1/11 mm，同时还采用了其他三种网格电容法模拟此问题，模拟结果如图 4-18 所示。可以看到，本方法具有比其他三种网格电容法更好的精度。

此外，我们还计算了机箱上带有窄缝时的屏蔽效能。机箱及窄缝尺寸如图 4-19 所示，窄缝位于机箱前面的中央。屏蔽效能由下式给出：

$$\mathrm{SE}=20\lg(E_x^{\mathrm{inc}}\ /\ E_x^{\mathrm{shield}}) \tag{4-42}$$

其中，E_x^{shield} 是机箱中心位置的电场；E_x^{inc} 是同一点没有机箱时的电场。为检验本方法的正确性，我们还用 FEKO 软件对同一问题进行了求解。机箱屏蔽效能如图 4-20 所示，其他两种网格电容法的结果也一并给出。可以看到，利用本方法计算的屏蔽效能与 FEKO 计算结果非常一致，而网格电容法有一定误差。

从以上两个算例结果的比较可以看到，本书提出的零厚度窄缝 FDTD 法模拟亚网格技术具有比网格电容法更高的精度，且该亚网格技术的实现简单。

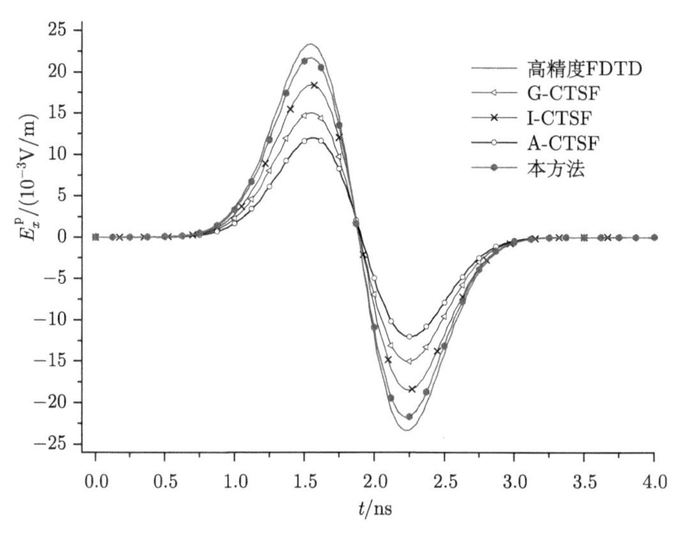

图 4-18　各种方法模拟的通过窄缝耦合的电场 E_x^{p}

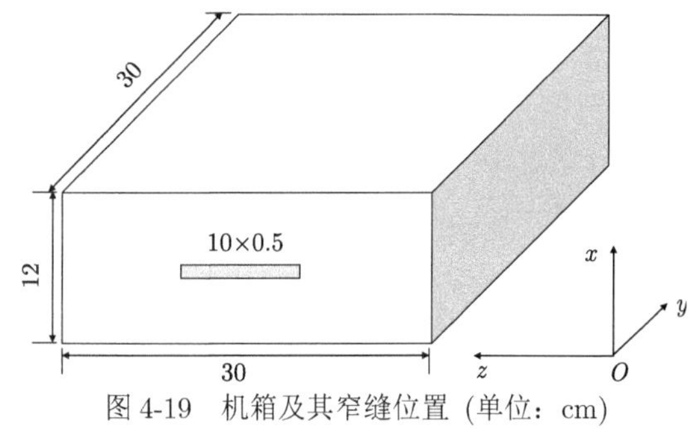

图 4-19　机箱及其窄缝位置 (单位：cm)

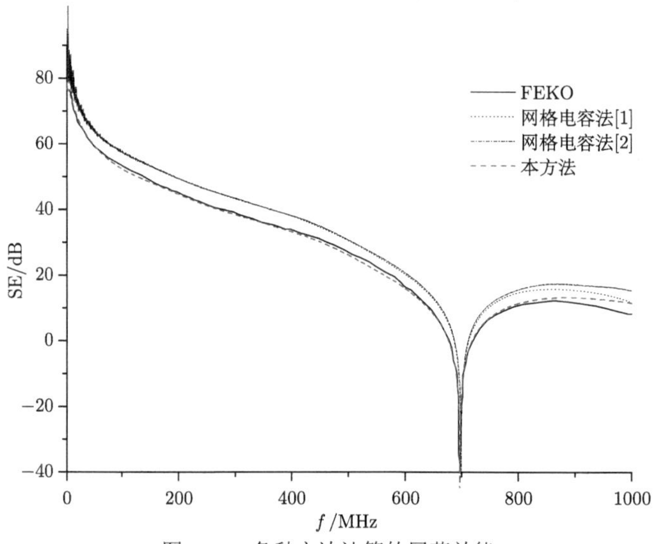

图 4-20　各种方法计算的屏蔽效能

4.4　大型屏蔽体屏蔽效能分析方案

大型屏蔽体长度可达十几米，但是其壳体上的各种孔口、焊缝的宽度可能在毫米量级。这要求在使用常规 FDTD 法模拟时空间步长必须非常小，导致 FDTD 法网格数目将非常多，占用大量的计算机资源。本节提出了一种利用 FDTD 法分析大型屏蔽体屏蔽效能的解决方案。主要是利用上节的窄缝 FDTD 法模拟亚网格技术来克服模拟精度对空间步长的限制；此外，采用了并行技术来进一步克服模拟占用内存与单台计算机内存之间的矛盾。为缩短计算时间，减小时频分析中截断不收敛时域波形带来的误差，故引入信号处理技术，并比较了几种典型的窗函数在屏蔽效能计算中的效果。

4.4.1　模拟内存解决方案

对于图 4-21 所示的尺寸为 $a\times b\times c$ 屏蔽体，其左侧壁上带有一尺寸为 $L\times w$ 的窄缝。为实现在较大 FDTD 法空间步长情况下比较精确地模拟窄缝耦合，采用 4.3 节的窄缝 FDTD 法模拟亚网格技术。

为进一步克服模拟占用内存与单台计算机内存之间的矛盾，引入并行技术。FDTD 法并行的基本思路是，将整个模拟区域分割成若干个子区域，每个子区域对应一个进程，各个进程通过数据交换来完成整个区域的模拟。这样，单个处理器上的计算区域可以大大减小。

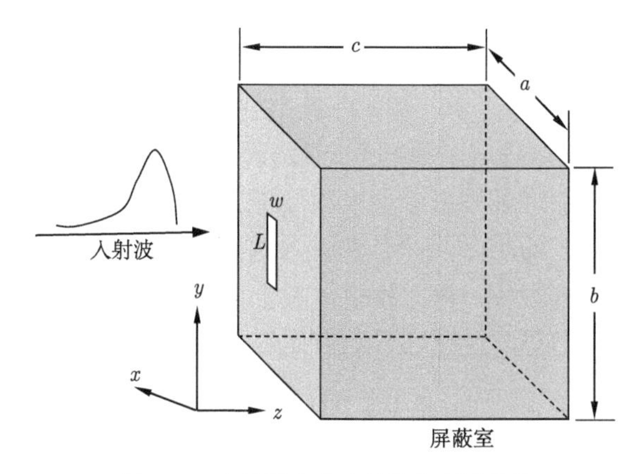

图 4-21　左侧壁上有窄缝的典型屏蔽体

FDTD 法是一种非常适合并行的方法，因为其电 (磁) 场迭代公式只要用到相邻近的磁 (电) 场分量。将计算区域划分成多个子区域后，连接边界、吸收边界、散射体都被划分到某些子区域中，由于这些边界需要特别处理，因此增加了编程的复杂性。编程实现的办法是将各种边界的具体位置传输给所有的子域，各个子域根据自身的网格范围来判断本子域是否包含某边界。而各个进程分界面两侧的磁场强度必须通过相互通信来传递，图 4-22 所示为一维分界面上的场量通信示意图。

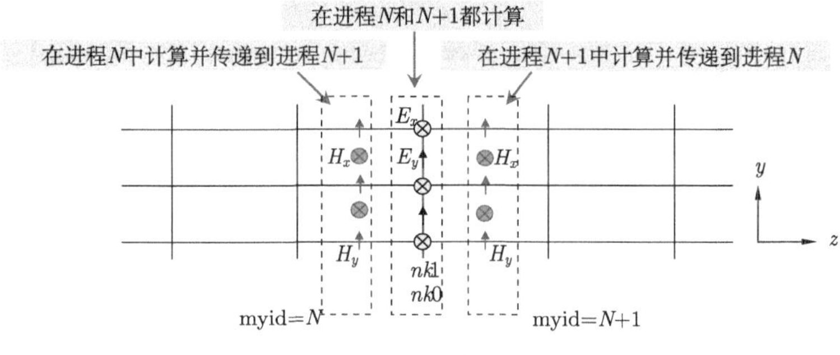

图 4-22　场量通信示意图

进程分界面处的电场 E_x、E_y 在相邻的两个进程中同时进行计算，在左进程中计算时需要用到右进程中的切向磁场 H_x、H_y；在右进程中计算时也要用到左进程中的磁场 H_x、H_y。故在计算电场之前需要先在两个相邻子域之间传输边界的切向磁场。通信的原理可以按照图 4-22 来解释：对每个时间步来说，编号为 N 的进程，需要从进程 N+1 接收 H_x、H_y 的场强，同时给 N+1 进程发送 H_x、H_y 的场强；还要从进程 N–1 接收 H_x、H_y 的场强，同时给进程 N–1 发送 H_x、H_y 的场强。

4.4.2　模拟时间解决方案

在利用 FDTD 法模拟得到屏蔽体内的电磁场时域波形后，通过傅里叶变换，并代入式 (4-42) 即可得到屏蔽体的屏蔽效能。然而，在进行傅里叶变换时，为不引入截断误差，要求时域波形必须收敛到零。这意味着对于大型屏蔽体来说，模拟时间可能会很长。为此，我们考虑引入窗函数使模拟波形进行强制收敛，从而实现在时域波形尚未收敛时停止模拟。

设原波形信号为 $s(k)$，则经过窗函数处理后的波形 $s_w(k)$ 为

$$s_w(k) = s(k)w(k) \tag{4-43}$$

其中，$w(k)$ 为窗函数。这里，我们比较了四种窗函数，分别是

汉宁 (Hanning) 窗

$$w(n) = 0.5 - 0.5\cos\left(\frac{2\pi n}{N}\right), \quad n = 0, 1, \cdots, N-1 \tag{4-44}$$

汉明 (Hamming) 窗

$$w(n) = 0.42 - 0.5\cos\left(\frac{2\pi n}{N}\right) + 0.08\cos\left(\frac{4\pi n}{N}\right),\quad n=0,\ 1,\cdots,\ N-1 \tag{4-45}$$

布莱克曼 (Blackman) 窗

$$w(n) = 0.54 - 0.46\cos\left(\frac{2\pi n}{N}\right),\quad n=0,\ 1,\cdots,\ N-1 \tag{4-46}$$

三角窗 (又称 Bartlett 窗)

$$w(n) = \begin{cases} \dfrac{2n}{N}, & n=0,\ 1,\cdots,\ \dfrac{N}{2} \\ w(N-n), & n=\dfrac{N}{2},\cdots,\ N-1 \end{cases} \tag{4-47}$$

4.4.3 数值验证

为验证本方案的有效性，采用图 4-21 中的模型，其中 $a\times b\times c=3\ \text{m}\times 3\ \text{m}\times 3\ \text{m}$，$L\times w= 12\ \text{cm}\times 1.5\ \text{mm}$。FDTD 法模拟的空间步长为$\Delta=\Delta_x=\Delta_y=\Delta_z=3\ \text{cm}$，时间步长为$\Delta t=\Delta s/(2c)$。入射波为高空核电磁脉冲

$$E_x(t) = kE_0(\mathrm{e}^{-\alpha t} - \mathrm{e}^{-\beta t}) \tag{4-48}$$

其中，$E_0=1\times 10^3\ \text{V/m}$；$\alpha=4.0\times 10^6\ \text{s}^{-1}$；$\beta=4.76\times 10^8\ \text{s}^{-1}$；$k=1.05$。其上升时间 (10%~90%) 为 2 ns，下降沿时间 (90%~10%) 为 55 ns；主要频率在 100 MHz 以下。

为验证本方案的有效性，我们首先采用三个处理器模拟了 2 400 000 个时间步，单个处理器的 CPU 时间为 85 h。屏蔽体中心位置的电场 E_x 时域波形如图 4-23 所示，可以看到，本方案使用的窄缝模拟技术和并行技术是稳定的。此外，还可以看到此时的电场波形还没有收敛的趋势，若用此波形作傅里叶变换求屏蔽效能必然会引入较大的截断误差。其次，我们采用式 (4-44) 的窗函数对图 4-23 的前 100 000 个时间步的波形进行了处理，处理前后的波形如图 4-24 所示。通过汉宁窗的作用，E_x 时域波形在 5 μs 时刻被人为地强制收敛到零，如图 4-25 所示。

最后，我们还分别将加窗前后的时域波形变换成屏蔽效能，如图 4-26 和图 4-27 所示。从图 4-26 可见，对加窗函数前的时域波形变换得到的屏蔽效能存在明显的振荡，基本无法辨清各个频点上的屏蔽效能。而通过将汉宁窗处理后的时域波形变换得到的屏蔽效能则是一条非常清晰的曲线，且与长时间仿真得到的

收敛波形的屏蔽效能吻合较好。此外，我们还比较四种窗函数的效果，如图 4-27 所示。可以看到，除汉明窗以外，其他三种窗函数效果比较接近，均可以用在大型屏蔽体的屏蔽效能分析中。

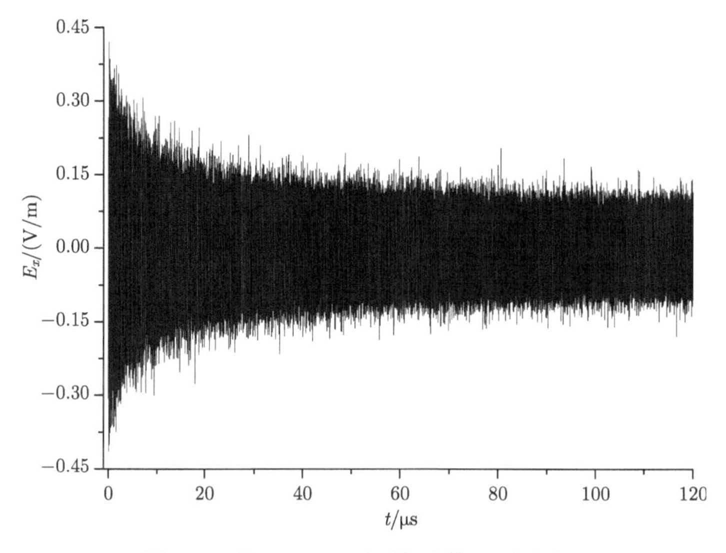

图 4-23　前 2 400 000 个时间步的 E_x 时域波形

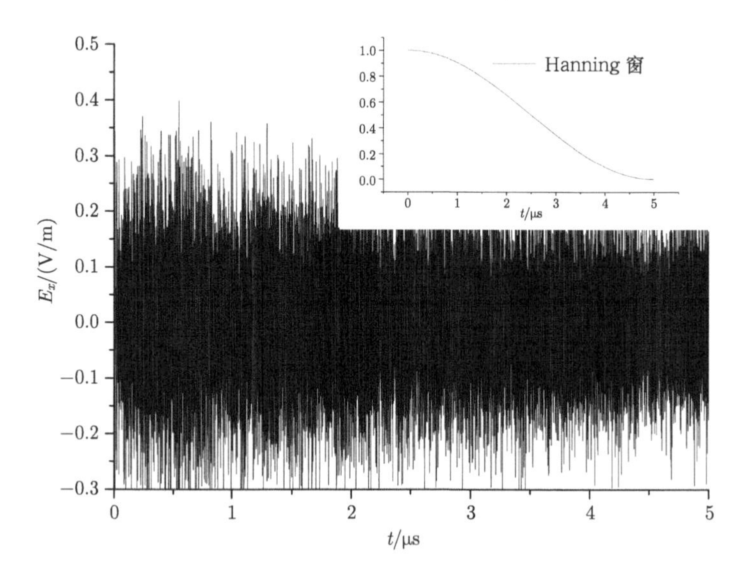

图 4-24　汉宁窗处理前的前 100 000 个时间步的 E_x 时域波形

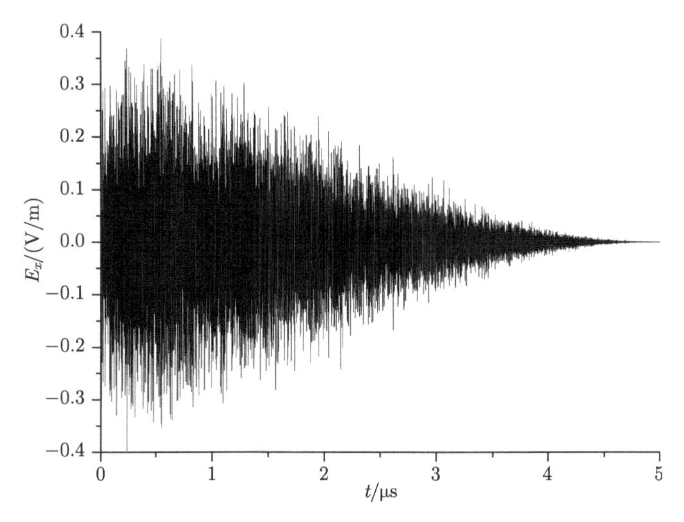

图 4-25 汉宁窗处理后的前 100 000 个时间步的 E_x 时域波形

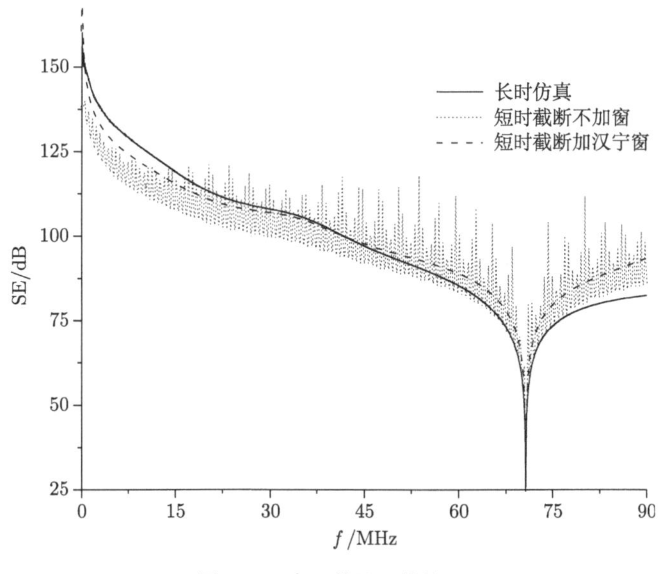

图 4-26　窗函数处理前的 SE

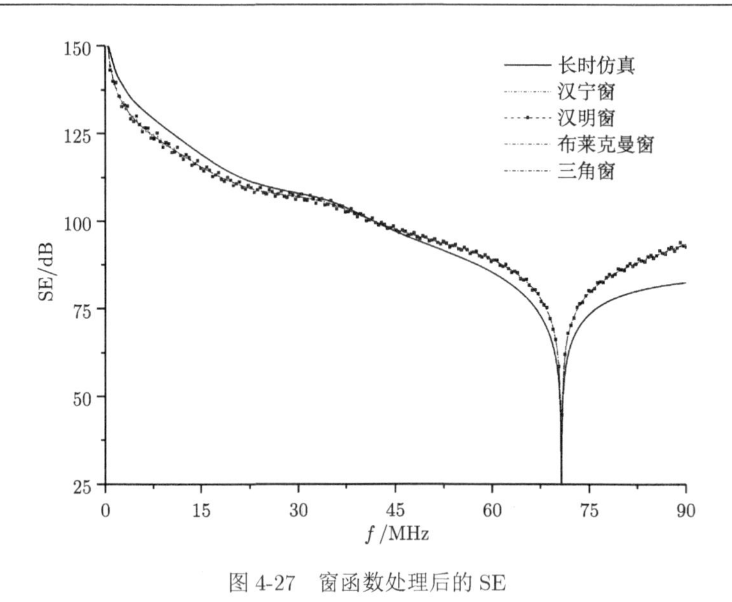

图 4-27 窗函数处理后的 SE

通过以上的数值结果，可以证明本节提出的大型屏蔽体屏蔽效能分析方案是有效的。

参 考 文 献

[1] Gilbert J, Holland R. Implementation of the thin-slot formalism in the finite-difference EMP code THREDII. IEEE Transactions on Nuclear Science, 1981, 28(6): 4269-4274.

[2] Wu C T, Pang Y H, Wu R B. An improved formalism for FDTD analysis of thin-slot problems by conformal mapping technique. IEEE Transactions on Antennas and Propagation, 2003, 51(9): 2530-2533.

[3] Gkatzianas M A, Balanis C A, Diaz R E. The Gilbert-Holland FDTD thin slot model revisited: An alternative expressionfor the in-cell capacitance. IEEE Microwave and Wireless Components Letters, 2004, 14(5): 219-221.

[4] Roden J A, Gedney S D. Convolution PML (CPML): An efficient FDTD implementation of the CFS-PML for arbitrary media. Microwave and Optical Technology Letters, 2000, 27(5): 334-339.

[5] Roden J A, Gedney S D. A convolutional PML for the effective absorption of evanescent waves in arbitrary media//IEEE Transactions on Antennas and Propagat, 2000.

[6] Kuzuoglu M, Mittra R. Frequency dependence of the constitutive parameters of causal perfectly matched anisotropic absorbers. IEEE Microwave and Guided Wave Letters, 1996, 6(12): 447-449.

[7] Anantha V, Taflove A. Efficient modeling of infinite scatterers using a generalized total-field/scattered-field FDTD boundary partially embedded within PML. IEEE Transactions on Antennas and Propagation, 2002, 50(10): 1337-1349.

[8] Xiong R, Chen B,Yin Q, et al. Analysis of the effect of slot resolution on the simulating precision of thin-slot coupling with parallel implementation//The 9th International Symposium on Antennas, Propagation and EM Theory, Guangzhou, China, 2010.

[9] Cai Z Y, Chen B, Liu K, et al. The CFS-PML for periodic Laguerre-based FDTD method. IEEE Microwave and Wireless Components Letters, 2012, 22(4): 164-166.

[10] Taflove A, Hagness S C. Computational Electrodynamics: The Finite-Difference Time-Domain Method. Boston: Artech House, 2000.

[11] Wang B Z. Enhanced thin-slot formalism for the FDTD analysis of thin-slot penetration. IEEE Microwave and Guided Wave Letters, 1995, 5(5): 142-143.

[12] Harrington R F. Time-Harmonic Electromagnetic Fields. New York: McGraw-Hill, 1961.

第 5 章　有限厚度窄缝的 FDTD 法模拟亚网格技术

第 4 章推导了零厚度窄缝的 FDTD 法模拟亚网格技术，本章主要推导有限厚度窄缝的 FDTD 法模拟亚网格技术。在进行分析之前，我们首先利用 4.1 节的模型，观测了有限厚度的无限大导体板上不同长度窄缝的电场分布。

位于有限厚度无限大导体板上的窄缝，长度为 L，厚度为 d，宽度为 w，如图 5-1 所示。我们分别比较了不同窄缝长度下电场在垂直于窄缝平面 (沿 z 方向) 的场强分布情况，如图 5-2 所示。其中，窄缝厚度 d=3.33 mm，宽度 w=1.67 mm，长度 L 分别为 20 mm、30 mm、50 mm、100 mm。

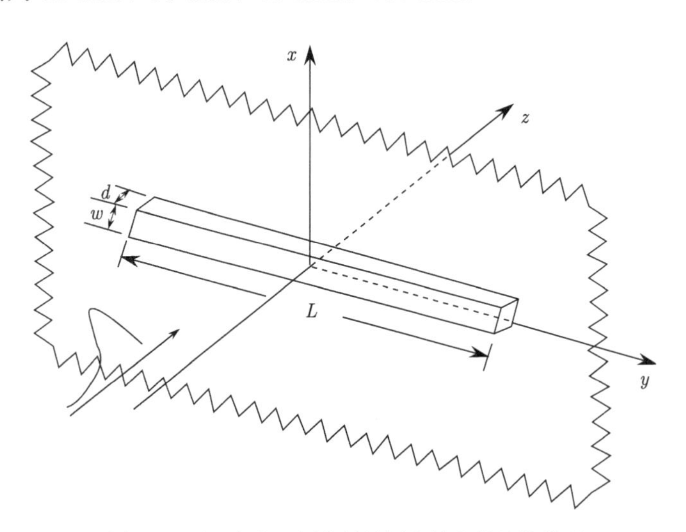

图 5-1　无限大有限厚度导体板上的窄缝计算模型

由图 5-2 可以看到：有限厚度窄缝附近的场分布与零厚度情况下的场分布情况有较大的区别；对于同一厚度的窄缝，短边的边缘效应对不同长度的窄缝近场分布的影响有较大的区别。故而在对有限厚度窄缝模拟时，我们考虑将其分作长缝和短缝两种类型来分别处理。对于长缝，短边的边缘效应可以忽略；而对于短缝则必须考虑短边边缘效应的影响。

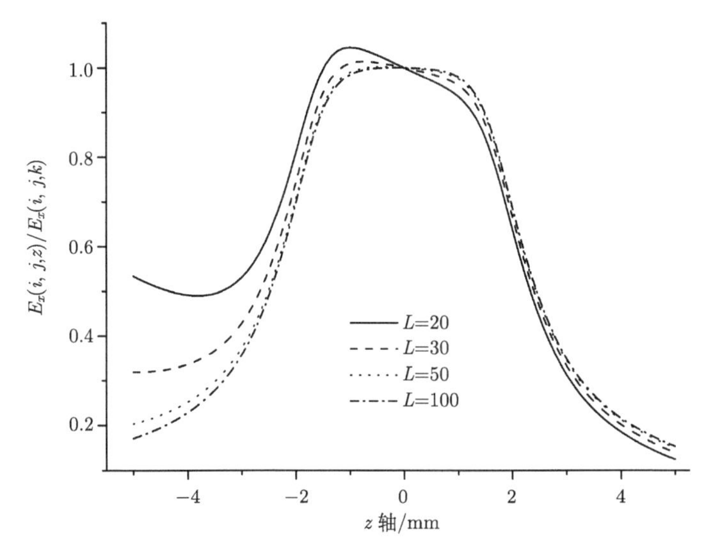

图 5-2　无限大有限厚度导体板上窄缝附近电场分布

5.1 有限厚度长缝近场拟合亚网格技术

对于长缝，我们考虑两种方法来处理：一种是近场拟合亚网格技术。通过引入窄缝深度方向场强变化规律，进而得到电磁场在窄缝附近的分布规律，然后推导出窄缝的 FDTD 法模拟亚网格技术。另一种是二维 FDTD 法预处理两步法。主要是利用二维高分辨率 FDTD 法预处理技术，得到电场在窄缝附近的场强变化规律，而磁场的分布也参照电场的分布规律，从而得到窄缝拟合公式。本节主要介绍近场拟合亚网格技术。

5.1.1　窄缝近场的拟合

不失一般性，我们考虑如图 5-3(a) 所示的两个区域间通过窄缝耦合的问题。在区域 a 存在激励源 E_x^{i}，H_y^{i}；区域 b 没有激励源作用。利用等效原理将图 5-3(a) 所示的问题转化到图 5-3(b)，在等效问题中，将窄缝用完全导体封闭，并在其两侧添加大小相等、符号相反的等效磁流[1]。

在图 5-3(b) 中，(E^{s}, H^{s}) 是将窄缝用导体板封闭后入射波在窄缝附近产生的总场；($E^{\boldsymbol{M}_{\mathrm{a}}}$,$H^{\boldsymbol{M}_{\mathrm{a}}}$) 是区域 a 中由等效磁流 $\boldsymbol{M}_{\mathrm{a}}$ 辐射产生的电磁场；($E^{-\boldsymbol{M}_{\mathrm{b}}}$, $H^{-\boldsymbol{M}_{\mathrm{b}}}$)是区域 b 中由等效磁流$-\boldsymbol{M}_{\mathrm{b}}$辐射产生的电磁场。

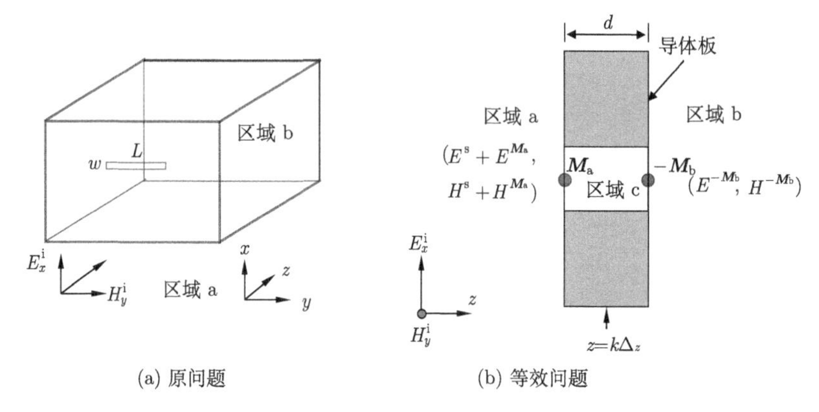

图 5-3　将原问题等效为两个区域的问题

为得到等效磁流 $\boldsymbol{M}_{\mathrm{a}}$ 和 $-\boldsymbol{M}_{\mathrm{b}}$，并参考图 3-10(b) 所示长缝内电场变化趋势，我们在这里引一个假设，即电场在窄缝区域内 (图 5-3(b) 中的区域 c) 沿 z 方向没有变化，且等于将窄缝封闭前窄缝 z 方向中点的电场 $E_x\left(i+\dfrac{1}{2},j,k\right)$，即

$$\begin{aligned}E_x\left(i+\frac{1}{2},j,k-d/(2\Delta_z)\right)&=E_x\left(i+\frac{1}{2},j,k+d/(2\Delta_z)\right)\\&=E_x\left(i+\frac{1}{2},j,k\right)\end{aligned}\tag{5-1}$$

其中，d 是窄缝厚度。从而得到等效磁流

$$\boldsymbol{M}_{\mathrm{a}}=\boldsymbol{M}_{\mathrm{b}}=\boldsymbol{z}\times\left[\boldsymbol{x}E_x\left(i+\frac{1}{2},j,k\right)\right]\tag{5-2}$$

这样与式 (4-29) 和式 (4-32) 类似，用 $k\Delta_z\pm d/2$ 代替 $k\Delta_z$，我们可以分别得到区域 a 和区域 b 中等效磁流辐射产生的电场

$$E_x^{\boldsymbol{M}}\left(i+\frac{1}{2},j,z\right)=\begin{cases}E_x\left(i+\dfrac{1}{2},j,k\right)\dfrac{w/2}{\sqrt{(w/2)^2+(z-k\Delta_z+d/2)^2}},&z<k\Delta_z-d/2\\E_x\left(i+\dfrac{1}{2},j,k\right)\dfrac{w/2}{\sqrt{(w/2)^2+(z-k\Delta_z-d/2)^2}},&z>k\Delta_z+d/2\end{cases}\tag{5-3}$$

在区域 a 中，由入射波产生的场 E^{s} 可以通过线性近似得到

$$E_x^{\mathrm{s}}\left(i+\frac{1}{2},j,z\right)=\frac{(k\Delta_z-d/2)-z}{\Delta_z-d/2}\left[E_x\left(i+\frac{1}{2},j,k-1\right)-E_x\left(i+\frac{1}{2},j,k+1\right)\right],$$
$$(k-1)\Delta_z\leqslant z\leqslant k\Delta_z-d/2 \tag{5-4}$$

最终，我们可以得到电场 E_x 和磁场 H_z 在 z 方向的变化规律

$$E_x\left(i+\frac{1}{2},j,z\right)=\begin{cases}\dfrac{k\Delta_z-d/2-z}{\Delta_z-d/2}\left[E_x\left(i+\dfrac{1}{2},j,k-1\right)-E_x\left(i+\dfrac{1}{2},j,k+1\right)\right]\\ +E_x\left(i+\dfrac{1}{2},j,k\right)\dfrac{w/2}{\sqrt{(w/2)^2+(z-k\Delta_z+d/2)^2}}, & z<k\Delta_z-d/2\\ E_x\left(i+\dfrac{1}{2},j,k\right), & \left|z-k\Delta_z\right|\leqslant d/2\\ E_x\left(i+\dfrac{1}{2},j,k\right)\dfrac{w/2}{\sqrt{(w/2)^2+(z-k\Delta_z-d/2)^2}}, & z>k\Delta_z+d/2\end{cases} \tag{5-5}$$

$$H_z\left(i+\frac{1}{2},j+\frac{1}{2},z\right)=\begin{cases}H_z\left(i+\dfrac{1}{2},j+\dfrac{1}{2},k\right)\dfrac{w/2}{\sqrt{(w/2)^2+(z-k\Delta_z+d/2)^2}}, & z<k\Delta_z-d/2\\ H_z\left(i+\dfrac{1}{2},j+\dfrac{1}{2},k\right), & \left|z-k\Delta_z\right|\leqslant d/2\\ H_z\left(i+\dfrac{1}{2},j+\dfrac{1}{2},k\right)\dfrac{w/2}{\sqrt{(w/2)^2+(z-k\Delta_z-d/2)^2}}, & z>k\Delta_z+d/2\end{cases} \tag{5-6}$$

当窄缝厚度 d 趋近于 0 时，式 (5-5) 和式 (5-6) 的场分布规律与零厚度时窄缝近场分布式 (4-32) 和式 (4-34) 一样。

5.1.2　窄缝 FDTD 法模拟亚网格公式

图 5-4 所示为垂直于导体板平面的积分路径，它通过磁场 $H_y\left(i+\frac{1}{2},j,k\pm\frac{1}{2}\right)$ 和 $H_z\left(i+\frac{1}{2},j\pm\frac{1}{2},k\right)$ 包围着电场 $E_x\left(i+\frac{1}{2},j,k\right)$。对于该回路，运用安培环路定律，并且代入式 (5-5) 和式 (5-6) 电磁场变化规律，可以得到

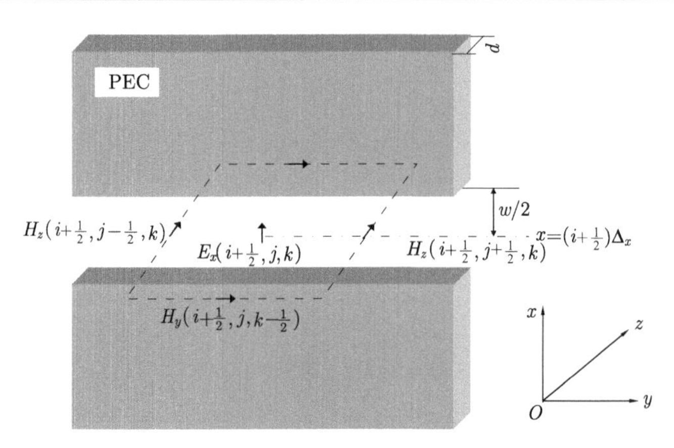

图 5-4 xOy 平面垂直窄缝所在导体板 FDTD 法网格

$$
\begin{aligned}
&\Delta_y \frac{\partial E_x\left(i+\dfrac{1}{2}, j, k\right)}{\partial t}\left[d+2\int_{k\Delta_z-\Delta_z/2}^{k\Delta_z-d/2}\frac{w/2}{\sqrt{(w/2)^2+(k\Delta_z-d/2-z)^2}}\mathrm{d}z\right] \\
&+\Delta_y \frac{\partial\left[E_x\left(i+\dfrac{1}{2}, j, k-1\right)-E_x\left(i+\dfrac{1}{2}, j, k+1\right)\right]}{\partial t}\int_{k\Delta_z-\Delta_z/2}^{k\Delta_z-d/2}\frac{k\Delta_z-d/2-z}{\Delta_z-d/2}\mathrm{d}z \\
&=\frac{1}{\varepsilon_0}\left\{\left[d+2\int_{k\Delta_z-\Delta_z/2}^{k\Delta_z-d/2}\frac{w/2}{\sqrt{(w/2)^2+(k\Delta_z-d/2-z)^2}}\mathrm{d}z\right]\right. \\
&\left.\cdot\left[H_z\left(i+\frac{1}{2}, j+\frac{1}{2}, k\right)-H_z\left(i+\frac{1}{2}, j-\frac{1}{2}, k\right)\right]-\Delta_y\left[H_y\left(i+\frac{1}{2}, j, k+\frac{1}{2}\right)-H_y\left(i+\frac{1}{2}, j, k-\frac{1}{2}\right)\right]\right\}
\end{aligned} \tag{5-7}
$$

将式 (5-7) 在 $n+\dfrac{1}{2}$ 时刻离散，我们能够得到窄缝内电场迭代公式

$$
\begin{aligned}
&E_x^{n+1}\left(i+\frac{1}{2}, j, k\right)=E_x^n\left(i+\frac{1}{2}, j, k\right)+\frac{\Delta t}{\varepsilon_0\Delta_y}\left[H_z^{n+\frac{1}{2}}\left(i+\frac{1}{2}, j+\frac{1}{2}, k\right)-H_z^{n+\frac{1}{2}}\left(i+\frac{1}{2}, j-\frac{1}{2}, k\right)\right] \\
&-\frac{\Delta t}{\varepsilon_0\Delta_y}\frac{\Delta_y}{\gamma}\left[H_y^{n+\frac{1}{2}}\left(i+\frac{1}{2}, j, k+\frac{1}{2}\right)-H_y^{n-\frac{1}{2}}\left(i+\frac{1}{2}, j, k-\frac{1}{2}\right)\right]-\frac{1}{8}\frac{(\Delta_z-d)^2}{\gamma(\Delta_z-d/2)} \\
&\cdot\left\{\left[E_x^{n+1}\left(i+\frac{1}{2}, j, k-1\right)-E_x^{n+1}\left(i+\frac{1}{2}, j, k+1\right)\right]-\left[E_x^n\left(i+\frac{1}{2}, j, k-1\right)-E_x^n\left(i+\frac{1}{2}, j, k+1\right)\right]\right\}
\end{aligned} \tag{5-8}
$$

其中，

$$\gamma = d + w\ln\left[\frac{\Delta_z - d}{w} + \sqrt{1+\left(\frac{\Delta_z - d}{w}\right)^2}\right] \tag{5-9}$$

图 5-5 所示为垂直于窄缝长度的磁场积分路径，它通过电场 $E_x(i+\frac{1}{2},j,k)$、$E_x(i+\frac{1}{2},j,k+1)$ 和 $E_z(i,j,k+\frac{1}{2})$、$E_z(i+1,j,k+\frac{1}{2})$，包围着磁场 $H_y(i+\frac{1}{2},j,k+\frac{1}{2})$。对于该回路，运用法拉第定律，可以得到

$$\begin{aligned}&\left[(\Delta_z - d/2)\Delta_x + wd/2\right]\frac{\partial H_y\left(i+\dfrac{1}{2},j,k+\dfrac{1}{2}\right)}{\partial t}\\ &= \frac{1}{\mu_0}\left\{\left[\Delta_x E_x\left(i+\frac{1}{2},j,k+1\right) - wE_x\left(i+\frac{1}{2},j,k\right)\right]\right.\\ &\left.\quad -(\Delta_z - d/2)\left[E_z\left(i+1,j,k+\frac{1}{2}\right) - E_z\left(i,j,k+\frac{1}{2}\right)\right]\right\}\end{aligned} \tag{5-10}$$

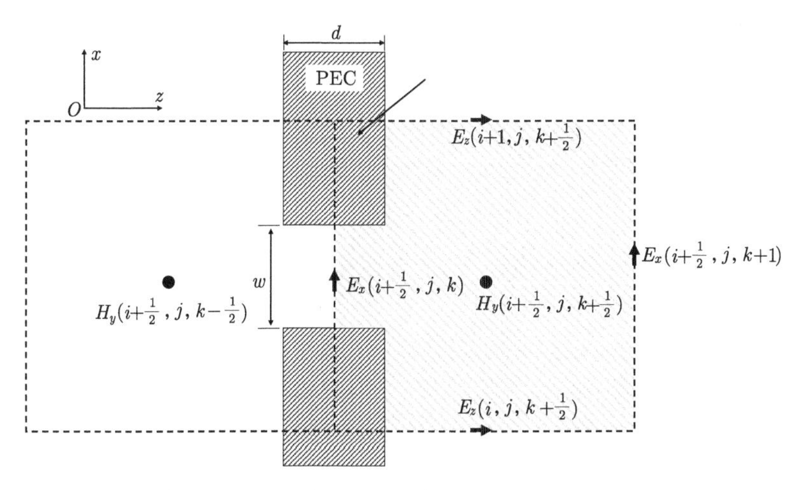

图 5-5 xOz 平面垂直窄缝所在导体板 FDTD 法网格

将上式在 n 时刻离散，我们可以得到紧邻窄缝的磁场迭代公式：

$$\begin{aligned}H_y^{n+\frac{1}{2}}\left(i+\frac{1}{2},j,k+\frac{1}{2}\right) &= H_y^{n-\frac{1}{2}}\left(i+\frac{1}{2},j,k+\frac{1}{2}\right)\\ &\quad -\frac{\Delta t}{\mu_0\xi}\left\{\left[\Delta_x E_x^n\left(i+\frac{1}{2},j,k+1\right) - wE_x^n\left(i+\frac{1}{2},j,k\right)\right]\right.\\ &\quad \left. -(\Delta_z - d/2)\left[E_z^n\left(i+1,j,k+\frac{1}{2}\right) - E_z^n\left(i,j,k+\frac{1}{2}\right)\right]\right\}\end{aligned} \tag{5-11}$$

其中，

$$\xi = (\Delta_z - d/2)\Delta_x + wd/2 \tag{5-12}$$

运用同样的方法，可以得到左侧紧邻窄缝的磁场的计算公式：

$$\begin{aligned} H_y^{n+\frac{1}{2}}\left(i+\frac{1}{2},j,k-\frac{1}{2}\right) &= H_y^{n-\frac{1}{2}}\left(i+\frac{1}{2},j,k-\frac{1}{2}\right) \\ &\quad - \frac{\Delta t}{\mu_0 \xi}\left\{\left[wE_x^n\left(i+\frac{1}{2},j,k\right) - \Delta_x E_x^n\left(i+\frac{1}{2},j,k-1\right)\right]\right. \\ &\quad \left. - (\Delta_z - d/2)\left[E_z^n\left(i+1,j,k-\frac{1}{2}\right) - E_z^n\left(i,j,k-\frac{1}{2}\right)\right]\right\} \end{aligned} \tag{5-13}$$

对于其他导体板上窄缝附近的电磁场分量，可用普通细缝公式处理[2]。

5.1.3 数值验证

为验证本节提出的有限厚度长缝 FDTD 法模拟亚网格技术的精度，这里我们引入高分辨率 FDTD 法模拟结果作为参考。为解决高分辨率 FDTD 法计算量太大的问题，我们采取了 4.4 节的并行 FDTD 法方案。

首先，我们考虑图 5-1 所示的无限导体板上窄缝耦合的问题，其中，w=1 mm，d=2 mm，L=150 mm；入射波与式 (4-20) 相同。我们测试了距离窄缝所在导体板 45 mm 处平面中心的电场 E_x^{p}。

在这个算例中，我们使用正方体形网格。亚网格技术的空间步长为Δ=5 mm，为满足稳定性条件，取时间步长$\Delta t=\Delta/c$，其中，c是真空中的光速。由于在现有窄缝模拟亚网格技术中[2-7]，只有混合亚网格技术 (hybrid thin-slot algorithm, HTSA) 能够较准确地模拟有限厚度窄缝[7]，因此，作为对比，我们还比较了 HTSA 法的精度和稳定性。其中，HTSA 法的空间步长为Δ'=2 mm (因为使用 HTSA 法时，要求其空间步长小于窄缝厚度)，时间步长为 3.33 ns。这里空间步长为Δ''=1/11 mm 的高分辨率 FDTD 法的结果用作参照。

图 5-6 所示为由本方法、HTSA 法和高精度 FDTD 法得到的电场 E_x^{p} 的时域波形的比较。可以看到，本方法的精度比 HTSA 法更高而且 HTSA 法在 16 ns 左右开始出现不稳定现象。图 5-7 所示为本方法计算更长时间的波形，可见由本方法计算在大约 40 ns 处衰减为零且在 80 ns 内不会出现发散。HTSA 法占用了 33 MB 的内存，占用时间由于数值发散难以计量；本方法占用的内存为 5 MB，

计算时间为 18 s。

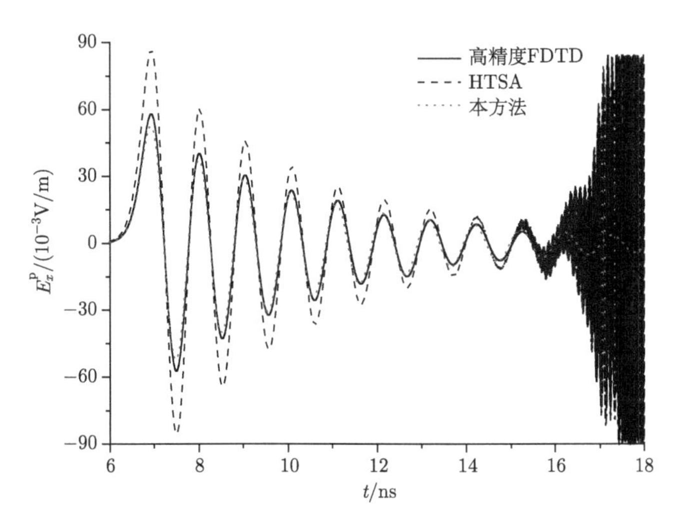

图 5-6 窄缝耦合的电场 E_x^{p} 在 6~18 ns 的时域波形

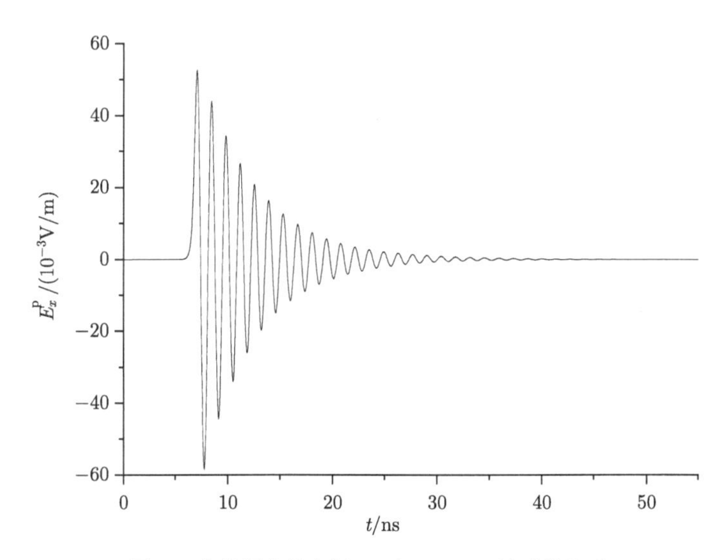

图 5-7 窄缝耦合的电场 E_x^{p} 在 0~80 ns 的时域波形

为检验在斜入射条件下本方法的精度，我们测试了位于屏蔽体上的窄缝在斜入射下的耦合情况，如图 5-8 所示。窄缝位于屏蔽体右侧面中心位置，其尺寸为 $L\times w\times d$ =42 cm×0.5 cm×0.6 cm。激励源为斜入射的高斯脉冲 $E=\exp[-4\pi(t-t_0)^2/\tau^2]$，其中，$\tau$=0.5 ns；$t_0$=0.3 ns；入射角为 θ_{i}=30°。在屏蔽体内部距离窄缝 1.5 cm 平面的平面中心对电场 E_x^{p} 进行采样。

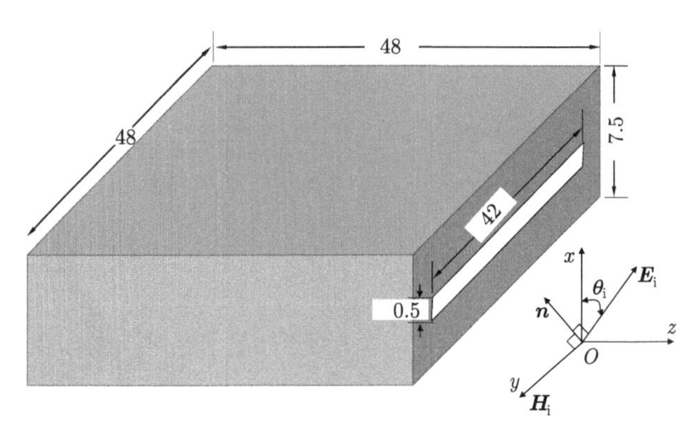

图 5-8　侧面带有窄缝的屏蔽腔体尺寸 (单位：cm)

在对该问题的模拟中，采用正方体网格，本方法的空间步长为 1.5 cm，HTSA 法的空间步长为 0.6 cm，高分辨率 FDTD 法的空间步长为 0.033 cm。相应的三种方法的时间步长分别为 25.7 ps、11.6 ps、0.56 ps。本节的亚网格技术的模拟时间为 70s；这里难以给出 HTSA 法的时间，因为其发散较快。分别由本方法、HTSA 法和高分辨率 FDTD 法得到的采样点的电场 E_x^{p} 的时域波形如图 5-9 所示。从图 5-9 可以看到，本方法的精度比 HTSA 法高，HTSA 法在 12 ns 左右发生了发散现象，而本方法是稳定的。

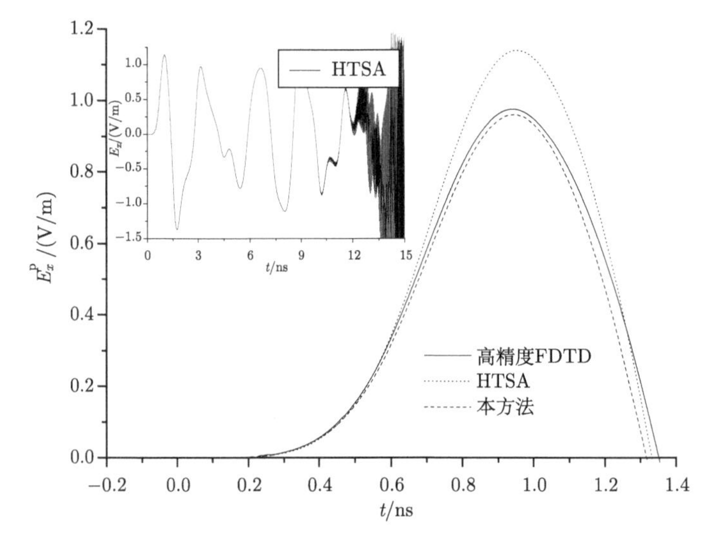

图 5-9　侧面带有窄缝的屏蔽腔体的耦合电场

图 5-10 和图 5-11 给出了更长时间的采样点电场 E_x^{p} 的时域波形及屏蔽效能的比较。由图 5-10 可以看到电场在大约 250 ns 处衰减为零。此外我们还在图 5-11

中比较了屏蔽体中心位置的屏蔽效能，并与商业软件 FEKO 的结果进行了比较。可以看到，由本方法得到的结果与 FEKO 结果非常吻合。

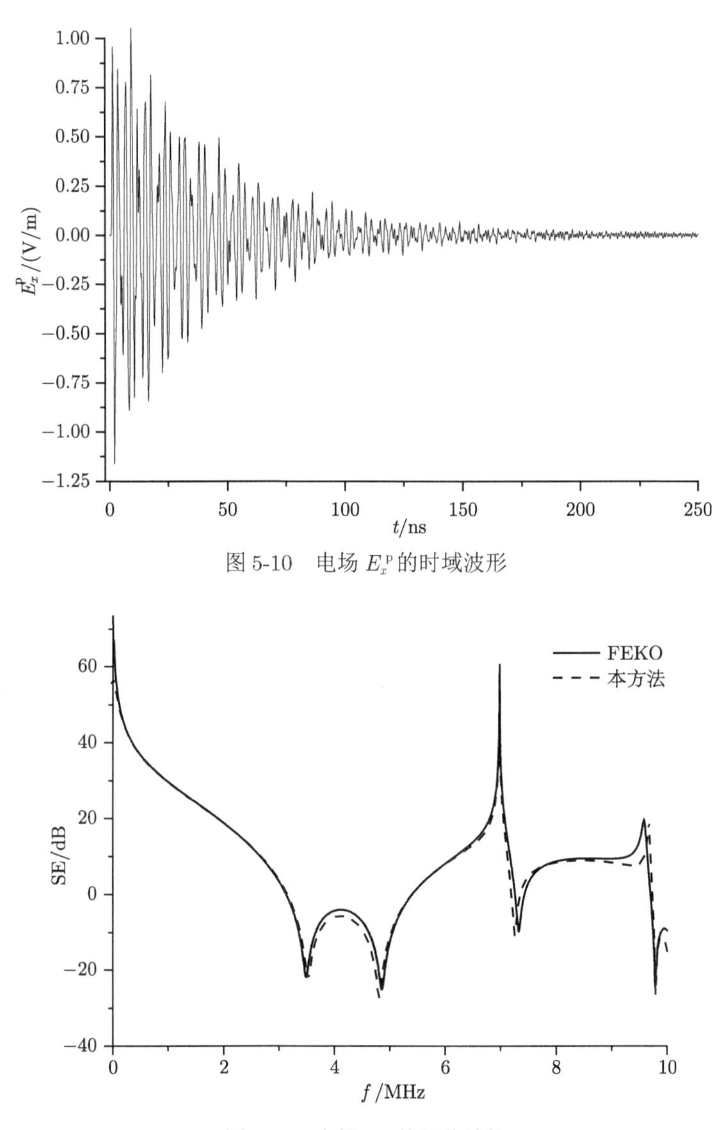

图 5-10　电场 E_x^{p} 的时域波形

图 5-11　电场 E_x^{p} 的屏蔽效能

通过以上的数值模拟证明，本节提出的有限厚度长缝的近场拟合亚网格技术，是一种模拟有限厚度长缝的有效的方法。

5.2　有限厚度长缝二维 FDTD 法预处理两步法

FDTD 法窄缝模拟的亚网格技术，其精度与对窄缝近场的模拟精度有关。为进一步提高亚网格技术的精度，在这里我们提出了一种二维预处理两步法。第一步，通过二维高分辨率 FDTD 法对包含窄缝的两个亚网格区域进行模拟，得到窄缝附近电场强度的分布规律；并将这种分布代入包含窄缝的亚网格中，得到电场分布的积分系数。第二步，对包含窄缝的网格运用环路积分法，并将第一步得到的积分系数代入，得到窄缝内电场的 FDTD 法窄缝模拟亚网格迭代公式。

5.2.1　窄缝内电场积分系数的计算

为得到窄缝附近电场强度的分布，我们考虑用二维高分辨率 FDTD 法模拟如图 5-12 所示区域。图 5-12 所示的区域为垂直于窄缝长度方向，紧邻窄缝的两个亚网格区域，其中实线包含的区域为亚网格区域。此处采用了 4.1 节的模型来模拟无限大导体板上窄缝的耦合。其中，w 和 d 分别是窄缝的宽度和导体板厚度。

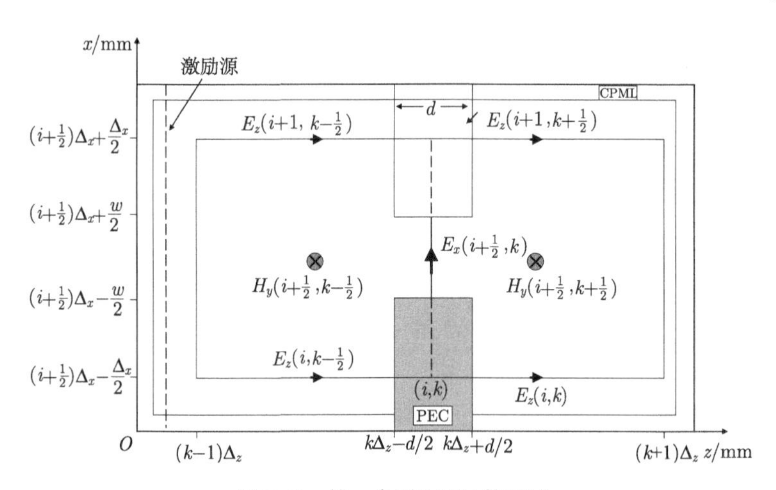

图 5-12　第一步预处理计算区域

通过以上模拟，可以得到电场 E_x 在紧邻窄缝的两个 FDTD 法亚网格内的场强分布，将这种分布代入包含窄缝内电场 E_x 的 FDTD 法网格，可以得到窄缝中心 E_x 沿 z 方向的积分系数

$$\kappa = \frac{\int_{(k-1/2)\Delta_z}^{(k+1/2)\Delta_z} E_x^{\mathrm{h}}(i+1/2,z)\mathrm{d}z}{\Delta_z E_x^{\mathrm{h}}(i+1/2,k)} = \frac{\Delta_z^{\mathrm{h}} \sum_{z=-(k-1/2)\Delta_z/2\Delta_z^{\mathrm{h}}}^{(k+1/2)\Delta_z/2\Delta_z^{\mathrm{h}}} E_x^{\mathrm{h}}(i+1/2,z)}{\Delta_z E_x^{\mathrm{h}}(i+1/2,k)} \tag{5-14}$$

要说明的是由于在第一步的二维预处理中不包含磁场 H_z 的分布信息，我们引入文献[3]中的假设，即磁场 H_z 在窄缝附近具有与电场 E_x 相同的分布规律。这样我们可以得到

$$\frac{\int_{(k-1/2)\Delta_z}^{(k+1/2)\Delta_z} H_z^{\mathrm{h}}(i+1/2,z)\mathrm{d}z}{\Delta_z H_z^{\mathrm{h}}(i+1/2,k)} = \frac{\int_{(k-1/2)\Delta_z}^{(k+1/2)\Delta_z} E_x(i+1/2,z)\mathrm{d}z}{\Delta_z E_x^{\mathrm{h}}(i+1/2,k)} = \kappa \tag{5-15}$$

5.2.2　窄缝 FDTD 法模拟亚网格公式

将第一步得到的电场积分系数运用到包含窄缝的 FDTD 法网格中，得到窄缝附近的电磁场的迭代公式，进而实现对窄缝耦合的模拟。

首先，对于图 5-3(a) 所示的网格，运用安培环路定律

$$\iint_S \frac{\partial E_x}{\partial t}\mathrm{d}S = -\frac{1}{\varepsilon}\oint \boldsymbol{H}\cdot\mathrm{d}\boldsymbol{l} \tag{5-16}$$

并考虑到 E_x 和 H_z 在 y 方向是缓慢变化的，可以得到

$$\begin{aligned}
&\Delta_y\varepsilon_0\frac{\partial}{\partial t}\int_{(k-\frac{1}{2})\Delta_z}^{(k+\frac{1}{2})\Delta_z} E_x\left(i+\frac{1}{2},j,z\right)\mathrm{d}z \\
&= -\int_{(k-\frac{1}{2})\Delta_z}^{(k+\frac{1}{2})\Delta_z}\left[H_z\left(i+\frac{1}{2},j+\frac{1}{2},z\right)-H_z\left(i+\frac{1}{2},j-\frac{1}{2},z\right)\right]\mathrm{d}z \\
&\quad + \Delta_y\left[H_y\left(i+\frac{1}{2},j,k+\frac{1}{2}\right)-H_y\left(i+\frac{1}{2},j,k-\frac{1}{2}\right)\right]
\end{aligned} \tag{5-17}$$

将式 (5-14) 和式 (5-15) 代入式 (5-17)，可以得到窄缝内电场修正公式

$$\begin{aligned}
E_x^{n+1}\left(i+\frac{1}{2},j,k\right) = {}& E_x^n\left(i+\frac{1}{2},j,k\right) \\
&+ \frac{\Delta t}{\varepsilon_0\Delta_y\Delta_z}\left\{\Delta_z\left[H_z^{n+\frac{1}{2}}\left(i+\frac{1}{2},j+\frac{1}{2},k\right)-H_z^{n+\frac{1}{2}}\left(i+\frac{1}{2},j-\frac{1}{2},k\right)\right]\right. \\
&\left. -\frac{\Delta_y}{\kappa}\left[H_y^{n+\frac{1}{2}}\left(i+\frac{1}{2},j,k+\frac{1}{2}\right)-H_y^{n-\frac{1}{2}}\left(i+\frac{1}{2},j,k-\frac{1}{2}\right)\right]\right\}
\end{aligned} \tag{5-18}$$

其中，κ是由式 (5-14) 计算的电场积分系数。

对于紧临窄缝的磁场 H_y，可以用式 (5-11) 来模拟，即

$$H_y^{n+\frac{1}{2}}\left(i+\frac{1}{2},j,k+\frac{1}{2}\right)=H_y^{n-\frac{1}{2}}\left(i+\frac{1}{2},j,k+\frac{1}{2}\right)-\frac{\Delta t/\mu_0}{\left[(\Delta_z-d/2)\Delta_x+wd/2\right]}$$
$$\bullet\left\{\left[\Delta_x E_x^n\left(i+\frac{1}{2},j,k+1\right)-wE_x^n\left(i+\frac{1}{2},j,k\right)\right]\right.$$
$$\left.-\left(\Delta_z-\frac{d}{2}\right)\left[E_z^n\left(i+1,j,k+\frac{1}{2}\right)-E_z^n\left(i,j,k+\frac{1}{2}\right)\right]\right\}$$
$$(5\text{-}19)$$

将法拉第定律运用于紧临窄缝的磁场 H_x，可以得到其模拟公式

$$H_x^{n+\frac{1}{2}}\left(i,j+\frac{1}{2},k+\frac{1}{2}\right)=H_x^{n-\frac{1}{2}}\left(i,j+\frac{1}{2},k+\frac{1}{2}\right)-\frac{\Delta t}{\mu_0\Delta_y(\Delta_z-d/2)}$$
$$\bullet\left\{(\Delta_z-d/2)\left[E_z^n\left(i,j+1,k+\frac{1}{2}\right)-E_z^n\left(i,j,k+\frac{1}{2}\right)\right]\right.$$
$$\left.-\Delta_y\left[E_y^n\left(i,j+\frac{1}{2},k+1\right)-E_y^n\left(i,j+\frac{1}{2},k\right)\right]\right\} \tag{5-20}$$

对于其他的电磁场，用传统的 FDTD 法公式即可。

5.2.3 数值验证

为检验本方法的有效性，我们首先检验了本方法第一步得到的电场强度分布规律的精度，然后验证了一无限大有限厚度导体板上窄缝的耦合电场的时域波形。为提供检验的参照标准，我们用三维高分辨率 FDTD 法对全区域进行了模拟，并对场分布和窄缝耦合时域波形进行了采样。

首先，我们考虑如图 5-1 所示的无限大有限厚度导体板上的窄缝，其各部尺寸为 w=0.6 mm，d=12 mm，L=60 mm。采用一垂直入射的高斯脉冲激励

$$E_x=\exp\left[-4\pi(t-t_0)^2/\tau^2\right] \tag{5-21}$$

其中，τ=2 ns；t_0=2 ns。该脉冲源的有效频谱从直流到 1 GHz。为准确模拟窄缝耦合，在本方法的第一步和作为参考的全区域高分辨率 FDTD 法中的窄缝模拟分辨率均为 0.04 mm。

我们将本方法给出的归一化电场 E_x分布与全区域三维高分辨率 FDTD 法给出的 y=0、15 mm、21 mm 三个位置的归一化电场 E_x分布进行了对比，如图 5-13

所示。可以看到，在 y=0 mm 位置的电场 E_x 的分布与 y=15 mm 和 y=21 mm 非常接近，且本方法第一步预处理给出的场分布与通过高分辨率 FDTD 法模拟得到的场分布吻合很好。

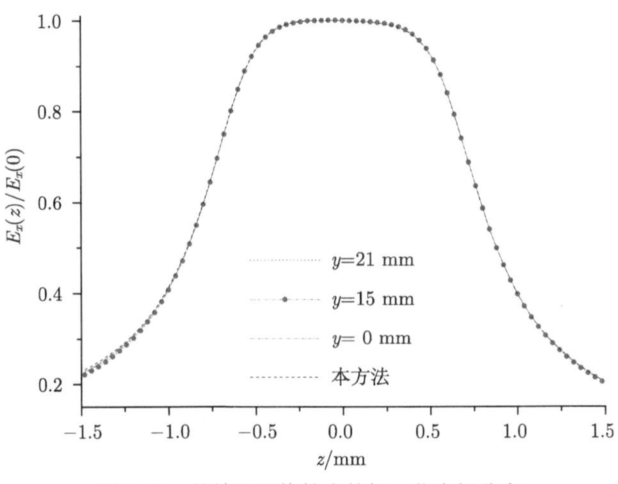

图 5-13　长缝亚网格技术的规一化电场分布

此外，我们考虑图 5-1 所示的无限大导体板上窄缝耦合的问题，其中，w=1 mm，d=2 mm，L=150 mm；入射波与式 (4-20) 一样。我们测试了距离窄缝所在导体板 45 mm 处平面中心的电场 E_x^{P}。

在这个算例中，我们使用正方体形网格。本方法第一步模拟的空间步长为 0.067 mm，时间步长为 0.11 ps，占用 2 MB 的内存和 0.8 s 的时间；第二步的空间步长为Δ=5 mm，时间步长为 8.33 ps。作为对比，我们还比较了 HTSA 法的精度和稳定性。其中，HTSA 法的空间步长为Δ'=2 mm (因为使用 HTSA 法时，其要求空间步长小于窄缝厚度)，时间步长为 3.33 ns。作为参考，空间步长为Δ''=0.077 mm，时间步长为 0.128 ps 的全区域高分辨率 FDTD 法模拟的结果也一并列出。

图 5-14 表示分别由本方法和 HTSA 法计算的窄缝耦合时域波形与全区域高分辨率 FDTD 法模拟结果的比较。可以看到，本方法比 HTSA 法更接近高分辨率 FDTD 法计算结果，且 HTSA 法结果出现了发散，但是本方法是稳定的。由于 HTSA 法在 15 ns 位置就开始出现发散，我们只给出了其到 17.5 ns 处的时域波形。整个计算区域尺寸为 $x\times y\times z$=15 mm ×160 mm ×125 mm，本方法占用 48 MB 内存和 10 s 时间；HTSA 法占用 28 MB 内存，时间因发散难以计量。此外，HTSA 法的网格尺寸要求小于窄缝厚度；而本方法的空间步长不受窄缝尺寸的限制。

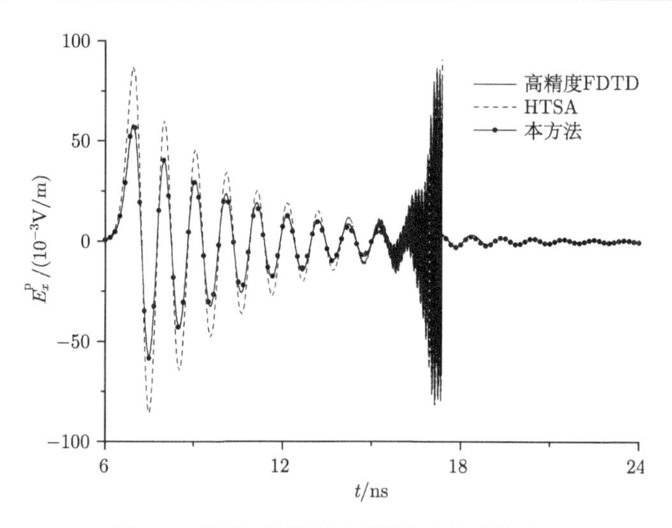

图 5-14 长缝亚网格技术的耦合电场时域波形

5.3 有限厚度短缝 FDTD 法模拟亚网格技术

基于本章前言的分析，考虑到二维高分辨率 FDTD 法模拟是对有限厚度长缝的近似，无法反映窄缝两端边缘效应对窄缝耦合的影响，而三维模拟则可以反映窄缝两端的影响。为此，考虑当窄缝长度小于 6 个亚网格时，用三维高分辨率 FDTD 法模拟窄缝内电磁场的分布。

5.3.1 等效原理分解窄缝耦合

不失一般性，考虑两个区域 (区域 a 和区域 b) 之间通过一条短缝的耦合，如图 5-15(a) 所示。窄缝的长度为 L，宽度为 w，厚度为 d。利用等效原理，通过引入大小相等、方向相反的两个磁流，原问题 5-15(a) 被分解成三个部分，即区域 a、b 和 c，如图 5-15(b) 所示。

为得到窄缝附近的场分布，通过等效磁流和等效窄缝宽度 $w'=\nu w$ (其中 w' 是导体板厚度为零时的等效窄缝宽度；ν 为等效缝宽系数，且 $\nu\leqslant 1$)，将图 5-15(b) 转化为图 5-15(c)。图 5-15(c) 中区域 c 的场分布通过局部高分辨率 FDTD 法预处理得到，具体做法将在 5.3.3 节介绍。

在将图 5-15(b) 转化为图 5-15(c) 的过程中，用到了两条等效原理。第一条是图 5-15(b) 和图 5-15(c) 中的窄缝内电场强度相同，即图 5-15(b) 中的窄缝磁流等于图 5-15 (c) 中的窄缝磁流

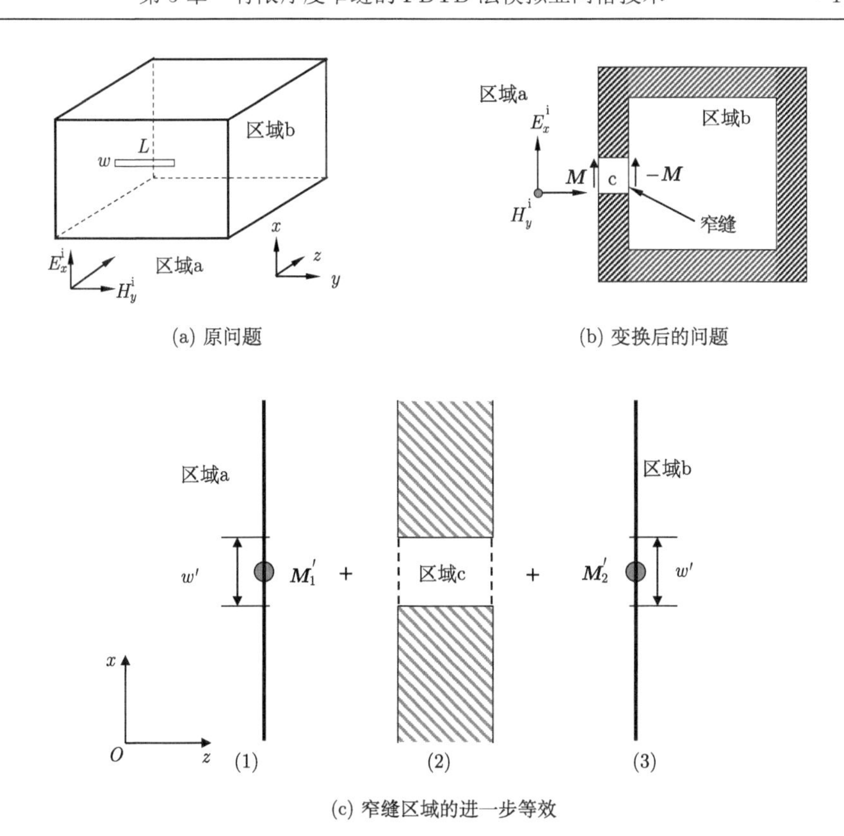

(a) 原问题　　(b) 变换后的问题

(c) 窄缝区域的进一步等效

图 5-15　将窄缝耦合问题转化为等效问题

其中图 5-15 (c) 中区域 a 和区域 b 的导体板厚度为 0

$$\int_{-w/2}^{w/2} \boldsymbol{M}_{1,2} \cdot \mathrm{d}\boldsymbol{x} = \int_{-w'/2}^{w'/2} \boldsymbol{M}_{1,2}{}' \cdot \mathrm{d}\boldsymbol{x} \tag{5-22}$$

另一条等效原理是图 5-15(c) 与图 5-15(b) 中区域 c 的电场 E_x相等

$$E_x^{\mathrm{h}}(x,y,z) = E_x(x,y,z) \tag{5-23}$$

其中，$E_x^{\mathrm{h}}(x,y,z)$ 是第 5.3.1 节中对图 5-15(c) 中区域 c 高分辨率 FDTD 法预处理得到的电场强度。

在图 5-15(c) 的区域 b 中，电磁场由等效磁流 $\boldsymbol{M}_2{}'$ 辐射产生，通过保角变换得到含有 w'变量的场强分布。在区域 a 中，窄缝附近区域的电磁场按其激发源可以分为两部分：一部分由等效磁流 $\boldsymbol{M}_1{}'$ 辐射产生，与区域 b 类似；另一部分是由入射波在用导体板将窄缝封住的情况下的总场，通过线性近似得到。对于区域 c，电磁场通过高分辨率 FDTD 法局部预处理得到。

因此，电场 E_x和磁场 H_z在 z 方向的分布可以分别写成

$$E_x(i+\tfrac{1}{2},j,z)=\begin{cases}E_x^{a'}+E_x^{s}, & (k-1)\Delta_z<z\leqslant -d/2\\ E_x^{h}(i+\tfrac{1}{2},j,z), & -d/2<z\leqslant d/2\\ E_x^{a'}, & d/2<z\leqslant (k+1)\Delta_z\end{cases} \tag{5-24}$$

$$H_z(i+\tfrac{1}{2},j+\tfrac{1}{2},z)=\begin{cases}H_z^{a'}, & (k-1)\Delta_z<z\leqslant -d/2\\ H_z^{h}(i+\tfrac{1}{2},j,z), & -d/2<z\leqslant d/2\\ H_z^{b'}, & d/2<z\leqslant (k+1)\Delta_z\end{cases} \tag{5-25}$$

其中，$E_x^{a}{'}$，$E_x^{b}{'}$，$H_x^{a}{'}$，$H_x^{b}{'}$是由等效磁流 $\boldsymbol{M}_1{'}$ 和 $\boldsymbol{M}_2{'}$ 产生的场；E_x^{h}，H_z^{h} 是通过高分辨率局部预处理得到的场；E_x^{s} 是区域 a 中由入射波在将窄缝用导体板封住的情况下产生的总场；Δ_z是亚网格模拟中 z 方向的空间步长，d 是窄缝厚度，点 $\left[(i+\tfrac{1}{2})\Delta_x, j\Delta_x, k\Delta_z\right]$ 位于窄缝的中央。

在图 5-15(c) 中，磁流 $\boldsymbol{M}_1{'}$ 和 $\boldsymbol{M}_2{'}$ 可以通过高分辨率 FDTD 法局部预处理得到数值结果，但是其分布比较复杂，难以用解析形式表示。由于在位置 $z=k\Delta_z\pm d/2$，等效磁流的分布规律与零厚度时不同，因此在区域 a 和区域 b 由磁流产生的电磁场分布也与零厚度情况下不一样。

零厚度情况下的磁流分布以及由其辐射产生的场可以用解析公式表示。因此，利用等效窄缝宽度 w'，将图 5-15(b) 问题转化为图 5-15(c)，区域 a 和区域 b 中窄缝附近磁流产生的场强也可以解析得到。

在图 5-15(c) 中，假设

$$E_x(x,j,k\pm d/2\Delta_z)=E_x^{h}\left(i+\frac{1}{2},j,k\pm d/2\Delta_z^{h}\right)f(x),\ \left|x-\left(i+\frac{1}{2}\right)\Delta_x\right|\leqslant w/2 \tag{5-26}$$

其中，Δ_z^{h}是高分辨率 FDTD 法局部预处理的空间步长；$f(x)$ 是由高分辨率局部预处理得到的电场的归一化分布

$$f(x)=\frac{E_x^{h}(x,j,k\pm d/2\Delta_z^{h})}{E_x^{h}\left(i+\dfrac{1}{2},j,k\pm d/2\Delta_z^{h}\right)} \tag{5-27}$$

需要指出的是，当窄缝厚度趋向于 0 时，$f(x)$ 与式 (4-28) 一样

$$f(x)\Big|_{d=0}=\frac{w/2}{\sqrt{(w/2)^2-\left[\left(i+\frac{1}{2}\right)\Delta_x-x\right]^2}},\quad \left|x-\left(i+\frac{1}{2}\right)\Delta_x\right|\leqslant w/2 \tag{5-28}$$

区域 a 和区域 b 中由磁流激发的场可以写成如下的解析形式：

$$E'_x(x,j,k\pm d/2\Delta_z)=\frac{w'E'_x\left(i+\frac{1}{2},j,k\pm d/2\Delta_z\right)}{2\sqrt{(w/2)^2-\left[\left(i+\frac{1}{2}\right)\Delta_x-x\right]^2}} \tag{5-29}$$

将式 (5-26) 和式 (5-29) 代入式 (5-22)，能够得到

$$E_x^{\mathrm{h}}\left(i+\frac{1}{2},j,k\pm d/2\Delta_z^{\mathrm{h}}\right)\int_{-w/2}^{w/2}f(x)\mathrm{d}x=\frac{w'}{2}E'_x\left(i+\frac{1}{2},j,k\pm\frac{d}{2\Delta_z}\right)$$

$$\cdot\int_{-w'/2}^{w'/2}\frac{\mathrm{d}x}{\sqrt{(w'/2)^2-\left[\left(i+\frac{1}{2}\right)\Delta_x-x\right]^2}} \tag{5-30}$$

考虑到式 (5-23)，我们能够得到如下的系数：

$$w'=\frac{2\int_{-w/2}^{w/2}f(x)\mathrm{d}x}{\int_{-w'/2}^{w'/2}\frac{\mathrm{d}x}{\sqrt{(w'/2)^2-\left[\left(i+\frac{1}{2}\right)\Delta_x-x\right]^2}}}=\nu w \tag{5-31}$$

其中，ν 是等效缝宽系数

$$\nu=\frac{\frac{1}{w}\int_{-w/2}^{w/2}f(x)\mathrm{d}x}{\int_{-w'/2}^{w'/2}\frac{\mathrm{d}x}{\sqrt{(w'/2)^2-\left[(i+\frac{1}{2})\Delta_x-x\right]^2}}}=\frac{2}{\pi w}\int_{-w/2}^{w/2}f(x)\mathrm{d}x \tag{5-32}$$

上式可通过复合辛普森公式对高分辨率 FDTD 法局部预处理的电场强度进行数值积分得到。

图 5-15(c) 中区域 b 的电场 E'_x 可以通过保角变换得到

$$E'_x\left(i+\frac{1}{2},j,z\right)=\frac{\left(w'/2\right)\cdot E_x^{\mathrm{h}}\left(i+\frac{1}{2},j,k+d/2\Delta_z^{\mathrm{h}}\right)}{\sqrt{(w'/2)^2+\left[(k\Delta_z+d/2)-z\right]^2}} \tag{5-33}$$

代入式 (5-32) 给出的窄缝宽度系数，我们能够得到图 5-15(a) 区域 a 和区域 b 中由等效磁流产生的场

$$E'_x\left(i+\frac{1}{2},j,z\right)=E_x^{\mathrm{h}}\left(i+\frac{1}{2},j,k\pm d/2\Delta_z^{\mathrm{h}}\right)\frac{\nu w/2}{\sqrt{(\nu w/2)^2+\left[(k\Delta_z\pm d/2)-z\right]^2}},$$
$$d/2\leqslant\left|z-k\Delta_z\right|\leqslant\Delta_z \tag{5-34}$$

为得到式 (5-24) 中的 E_x^{s} 分布，考虑如 4.2.2 节式 (4-30) 的线性近似，但是在 $z=k\Delta z-d/2$ 处 E_x^{s} 场强为 0，即

$$E_x^{\mathrm{s}}\left(i+\frac{1}{2},j,z\right)=\frac{(k\Delta_z-d/2)-z}{\Delta_z-d/2}\left(E_x\left(i+\frac{1}{2},j,k-1\right)-E_x\left(i+\frac{1}{2},j,k+1\right)\right),$$
$$d/2\leqslant k\Delta_z-z\leqslant\Delta_z \tag{5-35}$$

将式 (5-34) 和式 (5-35) 代入式 (5-24)，我们能够得到图 5-15(a) 中的 E_x 分布

$$E_x(i+\tfrac{1}{2},j,z)=\begin{cases}\left[E_x\left(i+\frac{1}{2},j,k-1\right)-E_x\left(i+\frac{1}{2},j,k+1\right)\right]\frac{(k\Delta_z-d/2)-z}{\Delta_z-d/2}\\ \quad+E_x^{\mathrm{h}}\left(i+\frac{1}{2},j,k-d/2\Delta_z^{\mathrm{h}}\right)\frac{\nu w/2}{\sqrt{(\nu w/2)^2+\left[(k\Delta_z-d/2)-z\right]^2}},\\ \qquad -\Delta_z\leqslant z-k\Delta_z\leqslant -d/2,\left|y-j\Delta_y\right|\leqslant\Delta_y/2\\ E_x^{\mathrm{h}}\left(i+\frac{1}{2},j,k\right),\quad -d/2<z-k\Delta_z<d/2,\left|y-j\Delta_y\right|\leqslant\Delta_y/2\\ E_x^{\mathrm{h}}\left(i+\frac{1}{2},j,k+d/2\Delta_z^{\mathrm{h}}\right)\frac{\nu w/2}{\sqrt{(\nu w/2)^2+\left[z-(k\Delta_z+d/2)\right]^2}},\\ \qquad d/2\leqslant z-k\Delta_z\leqslant\Delta_z,\left|y-j\Delta_y\right|\leqslant\Delta_y/2\end{cases} \tag{5-36}$$

以及磁场 H_z 的分布

$$
H_z(i+\tfrac{1}{2},j,z)=\begin{cases}
H_x^{\mathrm{h}}(i+\tfrac{1}{2},j,k+d/2\Delta_z^{\mathrm{h}})\dfrac{\nu w/2}{\sqrt{(\nu w/2)^2+\left[(k\Delta_z-d/2)-z\right]^2}}, \\
\qquad -\Delta_z\leqslant z-k\Delta_z\leqslant -d/2,\left|y-j\Delta_y\right|\leqslant\Delta_y/2 \\
H_z^{\mathrm{h}}(i+\tfrac{1}{2},j,z), \qquad -d/2<z-k\Delta_z<d/2,\left|y-j\Delta_y\right|\leqslant\Delta_y/2 \\
H_z^{\mathrm{h}}(i+\tfrac{1}{2},j,k-d/2\Delta_z^{\mathrm{h}})\dfrac{\nu w/2}{\sqrt{(\nu w/2)^2+\left[z-(k\Delta_z+d/2)\right]^2}}, \\
\qquad d/2\leqslant z-k\Delta_z\leqslant\Delta_z,\left|y-j\Delta_y\right|\leqslant\Delta_y/2
\end{cases}
\tag{5-37}
$$

值得注意的是，当窄缝厚度 d 趋于 0 时，缝宽系数 ν 趋于 1，式 (5-36) 和式 (5-37) 给出的场分布分别与式 (4-32) 和式 (4-34) 的场分布相同。

5.3.2　窄缝区域的高分辨率预处理

为在不占用大量计算资源的情况下得到图 5-15(c) 中区域 c 的 E_x^{h} 和 H_z^{h} 分布，我们采用三维高分辨率 FDTD 法预处理对短缝及其附近极小的一个区域进行模拟，如图 5-16 所示。为最大限度地减小占用的计算资源，激励源被设置在窄缝左侧面一个网格以外。通过对图 5-16 所示区域的高分辨率 FDTD 法预处理，我们能够得到窄缝区域的电磁场强度分布，通过数值积分可进一步得到以下积分系数：

$$
\kappa_{E_x}^{z}=\frac{\Delta_z^{\mathrm{h}}\sum\limits_{z=-d/2\Delta_z^{\mathrm{h}}}^{d/2\Delta_z^{\mathrm{h}}}E_x^{\mathrm{h}}\left(i+\dfrac{1}{2},j,z\right)}{E_x^{\mathrm{h}}\left(i+\dfrac{1}{2},j,k\right)}
\tag{5-38}
$$

$$
\kappa_{H_z}^{z}=\frac{\Delta_z^{\mathrm{h}}\sum\limits_{z=-d/2\Delta_z^{\mathrm{h}}}^{d/2\Delta_z^{\mathrm{h}}}H_z^{\mathrm{h}}\left(i+\dfrac{1}{2},j+\dfrac{1}{2},z\right)}{H_z^{\mathrm{h}}\left(i+\dfrac{1}{2},j+\dfrac{1}{2},k\right)}
\tag{5-39}
$$

$$
\kappa_{H_z}^{xy}=\frac{\Delta_y^{\mathrm{h}}\sum\limits_{y=j\Delta_y^{\mathrm{h}}}^{(j+1)\Delta_y^{\mathrm{h}}}\sum\limits_{x=-w/2\Delta_x^{\mathrm{h}}}^{w/2\Delta_x^{\mathrm{h}}}H_z^{\mathrm{h}}(x,y,k)}{w\Delta_y H_z^{\mathrm{h}}\left(i+\dfrac{1}{2},j+\tfrac{1}{2},k\right)}
\tag{5-40}
$$

其中，$\kappa_{E_x}^{z}$ 和 $\kappa_{H_z}^{z}$ 分别是电场 E_x 和磁场 H_z 在窄缝内沿窄缝厚度方向的积分系数，

$\kappa_{H_z}^{xy}$ 是窄缝端部的磁场 H_z 积分系数，Δ_y 和 Δ_z 是亚网格计算中的空间步长，E_x^{h}、H_z^{h}、Δ_x^{h} 和 Δ_z^{h} 分别是对图 5-16 区域进行高分辨率 FDTD 法预处理得到的电磁场强度和空间步长。

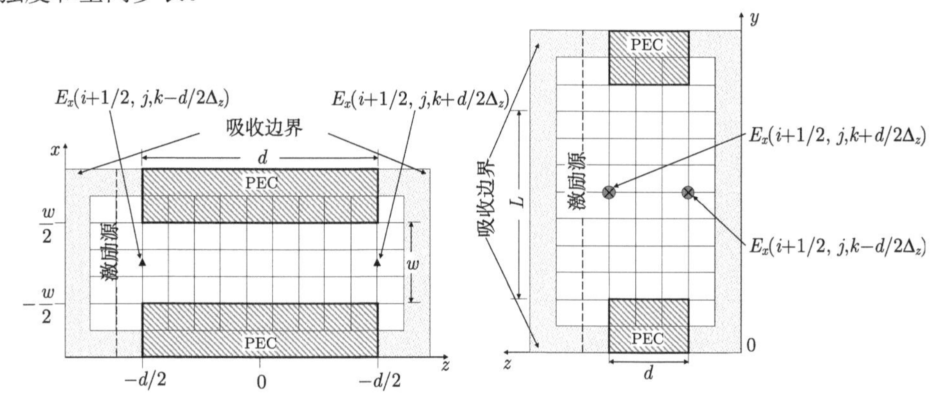

图 5-16　利用高分辨率 FDTD 法对窄缝近场的三维预处理计算区域

为减小高分辨率 FDTD 法局部预处理时间，我们观测了积分系数的时间变化，如图 5-17 所示。其中，窄缝的各部尺寸为 w=1.67 mm，d=3.33 mm，L=20 mm。可以看到，积分系数基本不随时间变化，仅在电场 E_x^{h} 的场强在 0 附近时才会出现畸变。对系数 $\kappa_{E_x}^{z}$ 和 $\kappa_{H_z}^{xy}$ 的时域变化的观测也能得到同样的结论。

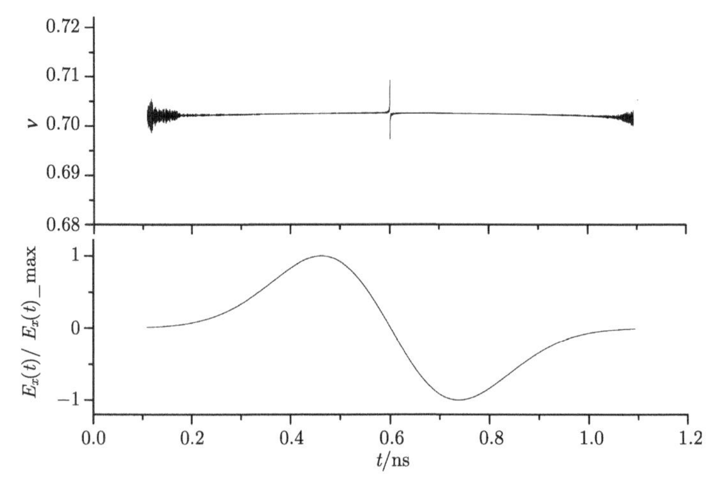

图 5-17　系数 ν 随时间的变化

下部为窄缝中心电场时域波形

所以在高分辨率 FDTD 法局部预处理中，进行长时间的模拟是没有必要的，只需在场强稳定变化时提取相应的系数即可。例如，当窄缝中心电场 E_x^{h} 的场强达到其峰值的 10%时，高分辨率预处理即可停止，并通过数值积分得到积分系数式 (5-38)~式 (5-40) 的值。

5.3.3　窄缝 FDTD 法模拟亚网格公式

在有限厚度短缝 FDTD 法模拟亚网格技术中，图 5-18 中的两种回路 (C_1, C_2) 需要特殊处理。回路 C_1 位于窄缝的端部，通过电场 E_x，包围磁场 H_z。回路 C_2 穿过窄缝，通过磁场 H_y 和 H_z，包围电场 E_x。需要指出的是，回路 C_1 所处的 $z=k\Delta_z$ 位置位于窄缝厚度的中央。

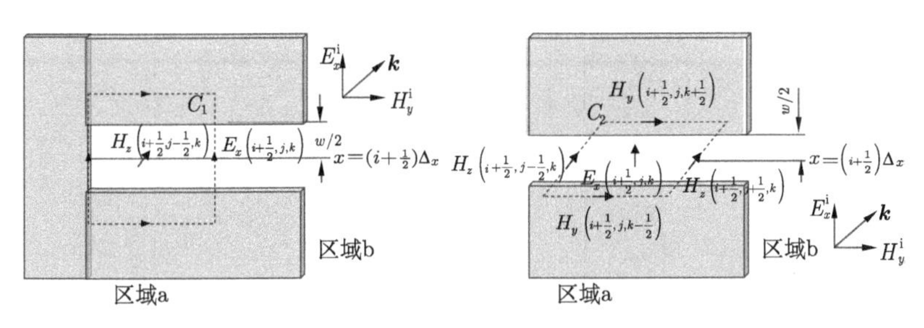

(a) 窄缝端部的FDTD法网格　(b) 窄缝中部的FDTD法网格

图 5-18　窄缝附近的典型 FDTD 法网格

首先，对回路 C_1 运用法拉第定律

$$\frac{\partial}{\partial t}\iint \boldsymbol{H}\cdot\mathrm{d}\boldsymbol{s}=-\frac{1}{\mu}\oint \boldsymbol{E}\cdot\mathrm{d}\boldsymbol{l} \tag{5-41}$$

由于我们采用切向电场为 0 来定义导体板，所以式 (5-41) 中右边的积分路径位于导体区域的积分值为 0。考虑到磁场 H_z 在窄缝端部的剧烈变化[6]，窄缝端部磁场 H_z 迭代公式可以写作

$$H_z^{n+\frac{1}{2}}\left(i+\frac{1}{2},j+\frac{1}{2},k\right)=H_z^{n-\frac{1}{2}}\left(i+\frac{1}{2},j+\frac{1}{2},k\right)+\frac{\Delta t}{\kappa_{H_z}^{xy}\mu_0\Delta_y}E_x^n\left(i+\frac{1}{2},j+1,k\right) \tag{5-42}$$

其中，$\kappa_{H_z}^{xy}$ 是由式 (5-40) 得到的。

此外，对回路 C_2 运用安培环路定律

$$\iint_S \frac{\partial E_x}{\partial t}\mathrm{d}s=-\frac{1}{\varepsilon}\oint \boldsymbol{H}\cdot\mathrm{d}\boldsymbol{l} \tag{5-43}$$

其中，我们假设电场 E_x 和磁场 H_y 在 y 方向缓慢变化[3]，但是 E_x 和 H_z 在 z 方向是剧烈变化的。所以，式 (5-43) 可以变化为

$$\Delta_y \int_{-\Delta_z/2}^{\Delta_z/2} \frac{\partial E_x\left(i+\frac{1}{2},j,z\right)}{\partial t} \mathrm{d}z = -\frac{1}{\varepsilon}\left\{\int_{-\Delta_z/2}^{\Delta_z/2}\left[H_z\left(i+\frac{1}{2},j+\frac{1}{2},z\right)-H_z\left(i+\frac{1}{2},j-\frac{1}{2},z\right)\right]\mathrm{d}z - \Delta_y\left[H_y\left(i+\frac{1}{2},j,k+\frac{1}{2}\right)-H_y\left(i+\frac{1}{2},j,k-\frac{1}{2}\right)\right]\right\} \tag{5-44}$$

将式 (5-36)～式 (5-39) 代入式 (5-44)，可以得到窄缝内电场 E_x 的差分公式

$$\begin{aligned} E_x^{n+1}\left(i+\frac{1}{2},j,k\right) &= E_x^{n}\left(i+\frac{1}{2},j,k\right) - \frac{1}{\gamma_\mathrm{e}}\int_{k\Delta_z-\Delta_z/2}^{k\Delta_z-d/2} E^\mathrm{s}\mathrm{d}z \\ &\quad + \frac{\Delta t}{\varepsilon_0\Delta_y\gamma_\mathrm{e}}\left\{\gamma_\mathrm{m}\left[H_z^{n+\frac{1}{2}}\left(i+\frac{1}{2},j+\frac{1}{2},k\right)-H_z^{n+\frac{1}{2}}\left(i+\frac{1}{2},j-\frac{1}{2},k\right)\right]\right. \\ &\quad \left. -\Delta_y\left[H_y^{n+\frac{1}{2}}\left(i+\frac{1}{2},j,k+\frac{1}{2}\right)-H_y^{n-\frac{1}{2}}\left(i+\frac{1}{2},j,k-\frac{1}{2}\right)\right]\right\} \end{aligned} \tag{5-45}$$

这里，

$$\gamma_\mathrm{e} = \kappa_{E_x}^z d + \frac{\nu w}{2}\ln\left[\frac{\Delta_z-d}{\nu w}+\sqrt{1+\left(\frac{\Delta_z-d}{\nu w}\right)^2}\right] \cdot \frac{\left[E_x^\mathrm{h}\left(i+\frac{1}{2},j,k-d/2\Delta_z^\mathrm{h}\right)+E_x^\mathrm{h}\left(i+\frac{1}{2},j,k+d/2\Delta_z^\mathrm{h}\right)\right]}{E_x^\mathrm{h}\left(i+\frac{1}{2},j,k\right)} \tag{5-46}$$

$$\gamma_\mathrm{m} = \kappa_{H_z}^z d + \frac{\nu w}{2}\ln\left[\frac{\Delta_z-d}{\nu w}+\sqrt{1+\left(\frac{\Delta_z-d}{\nu w}\right)^2}\right] \cdot \frac{\left[H_z^\mathrm{h}\left(i+\frac{1}{2},j+\frac{1}{2},k-d/2\Delta_z^\mathrm{h}\right)+H_z^\mathrm{h}\left(i+\frac{1}{2},j+\frac{1}{2},k+d/2\Delta_z^\mathrm{h}\right)\right]}{H_z^\mathrm{h}\left(i+\frac{1}{2},j+\frac{1}{2},k\right)} \tag{5-47}$$

其中，$\kappa_{E_x}^z$ 和 $\kappa_{H_z}^z$ 分别在式 (5-38) 和式 (5-39) 中作了定义。利用近似

$$E_x^{n+\frac{1}{2}}\left(i+\frac{1}{2},j,k\pm 1\right)=\frac{1}{2}\left[E_x^n\left(i+\frac{1}{2},j,k\pm 1\right)+E_x^{n+1}\left(i+\frac{1}{2},j,k\pm 1\right)\right] \quad (5\text{-}48)$$

可以将式 (5-45) 写成

$$\begin{aligned}E_x^{n+1}(i+\tfrac{1}{2},j,k)=&E_x^n(i+\tfrac{1}{2},j,k)\\&+\frac{\Delta t}{\varepsilon_0\Delta_y}\left\{\frac{\gamma_{\mathrm{m}}}{\gamma_{\mathrm{e}}}\left[H_z^{n+\frac{1}{2}}(i+\tfrac{1}{2},j+\tfrac{1}{2},k)-H_z^{n+\frac{1}{2}}(i+\tfrac{1}{2},j-\tfrac{1}{2},k)\right]\right.\\&-\frac{\Delta_y}{\gamma_{\mathrm{e}}}\left[H_y^{n+\frac{1}{2}}(i+\tfrac{1}{2},j,k+\tfrac{1}{2})-H_y^{n-\frac{1}{2}}(i+\tfrac{1}{2},j,k-\tfrac{1}{2})\right]\Bigg\}\\&-\frac{1}{8}\frac{(\Delta_z-d)^2}{\gamma_{\mathrm{e}}(\Delta_z-d/2)}\left\{\left[E_x^{n+1}(i+\tfrac{1}{2},j,k-1)-E_x^{n+1}(i+\tfrac{1}{2},j,k+1)\right]\right.\\&\left.-\left[E_x^n(i+\tfrac{1}{2},j,k-1)-E_x^n(i+\tfrac{1}{2},j,k+1)\right]\right\}\end{aligned}$$

(5-49)

对于其他的场量，运用 Taflove 提出的 TSF 公式[2]。

5.3.4 数值验证

为验证有限厚度短缝 FDTD 法模拟亚网格技术的有效性，我们首先比较了本方法给出的场强分布规律。然后验证了无限大导体板上窄缝耦合的时域波形，最后还比较了有窄缝的屏蔽腔体的屏蔽效能。

为提供检验的参照标准，我们用高分辨率 FDTD 法对整个计算区域进行了模拟并对场分布和窄缝耦合时域波形进行了采样。为克服单个处理器处理能力的限制，我们采用了 4.4.1 节的并行方案，计算区域用 2.2.2 节的 CPML 截断。

首先，我们采用全区域高分辨率 FDTD 法模拟了无限大导体板上尺寸为 L=20 mm、w=1.67 mm、d=3.33 mm 的窄缝，并记录了其窄缝附近的电磁场强度。将式 (5-36) 和式 (5-37) 给出的电磁场分布规律与高分辨率 FDTD 法模拟结果进行了对比，如图 5-19 所示。可以看到，本方法给出的场分布规律能够比较准确地模拟电磁场的分布，电场和磁场的绝对值误差分别为 2%和 0.9%。

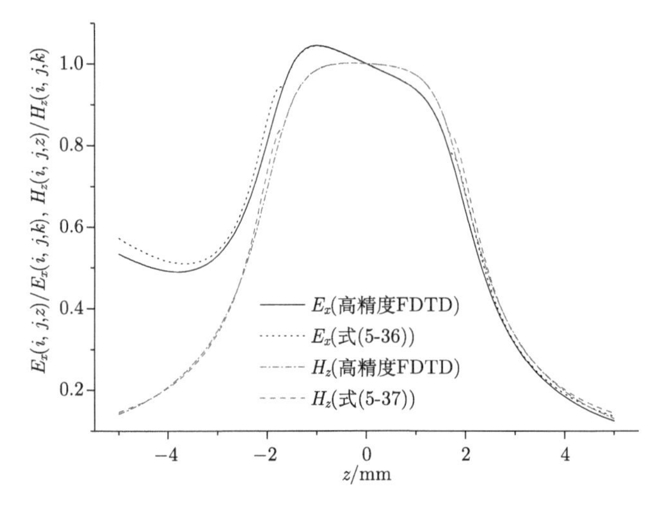

图 5-19　电场 E_x 和磁场 H_z 在 z 方向的分布

其次，我们检验了无限大导体板上窄缝的耦合时域波形。其中窄缝尺寸分别为 w=1 mm，d=2 mm，L=20 mm。我们还将 HTSA 法给出的结果进行了对比。耦合电场 E_x^{p} 的采样点位于距离窄缝 45 mm 的平面中心。

在本例中，各方法均采用方形网格，时间步长为 $\Delta t=\Delta/(2c)$，其中，c 是真空中的光速。本方法的空间步长为 5 mm，HTSA 法的空间步长为 2 mm，作为参考的高分辨率 FDTD 法空间步长为 0.033 mm。从图 5-20 可以看到，本方法和 HTSA 法均是稳定的，但是本方法的精度更高，它们的峰值误差分别为 1.1%和 12%；计算时间分别为 13 s 和 87 s，也就是说本方法节省了 85%的时间。

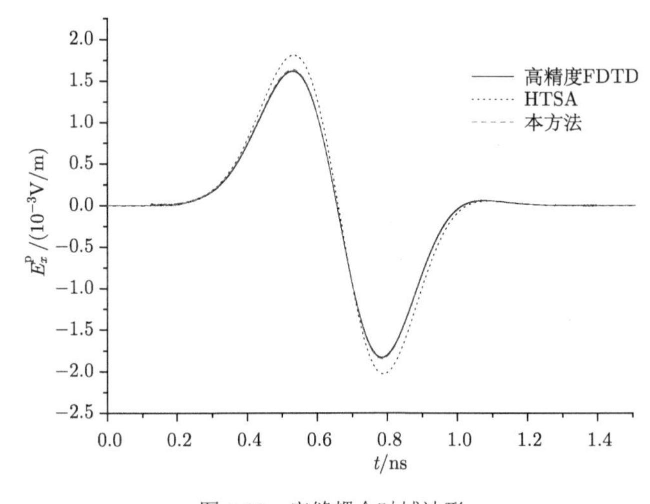

图 5-20　窄缝耦合时域波形

再次，我们还验证了本方法在一个侧面带有窄缝的屏蔽体屏蔽效能计算中的有效性。屏蔽体尺寸为 300 mm×120 mm×300 mm，在其右侧面中心有一 100 mm×5 mm 的窄缝，如图 5-21 所示。屏蔽体厚度为 1.5 mm，我们比较了腔体中心位置的屏蔽效能。

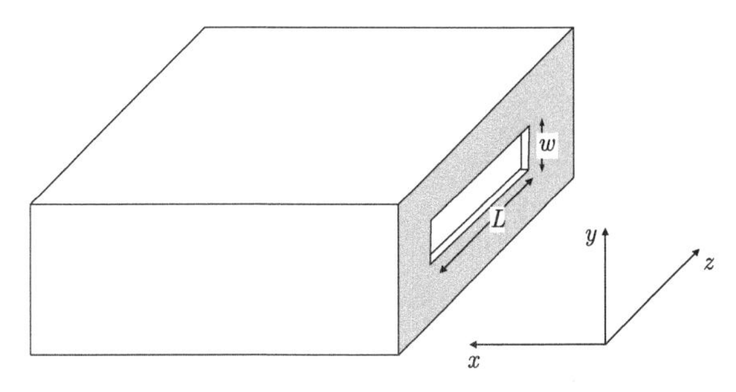

图 5-21　右侧面中心有一窄缝的屏蔽腔体

高分辨率 FDTD 法局部预处理的空间步长为 0.15 mm×0.33 mm×1.3 mm，即 12×15×60 个网格，时间步长为 0.2 ps。一个 TEM 模式的斜入射高斯脉冲 $E_y=\exp[-4\pi(t-t_0)^2/\tau^2]$作为激励，其中$\tau$=20 ps，$t_0$=20 ps。高分辨率 FDTD 法预处理计算了 2500 时间步，用时 4 s，并得到积分系数式 (5-38)~式 (5-40)，如表 5-1 所示。

表 5-1　窄缝形状系数

形状系数	$\kappa_{H_z}^{xy}$	γ_{m}/cm	γ_{e}/cm
数值	1.47	1.02	1.02

利用 FDTD 法亚网格技术模拟的空间步长为$\Delta_x\times\Delta_y\times\Delta_z$=25 mm×24 mm×25 mm，时间步长为$\Delta t$=80 ps。我们计算了 500 000 时间步，耗时 168 min。由于 HTSA 法不能处理窄缝宽度大于厚度的情况，我们只给出了本方法的屏蔽效能，并与测量结果进行了比较[8]，如图 5-22 所示。可以看到本方法计算的屏蔽体中心点的屏蔽效能与测量结果吻合较好，本方法的平均值误差为 1.4%。

通过以上的比较，可以看到本方法高分辨率 FDTD 法局部预处理是有效的，且占用计算资源少；有限厚度短缝 FDTD 法模拟亚网格技术的数值精度较高，且是稳定的。

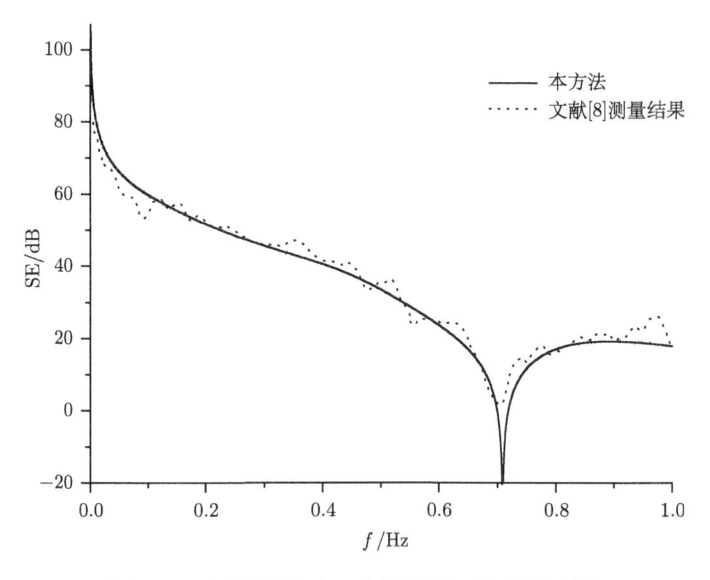

图 5-22　右侧面中心有一窄缝的屏蔽腔的屏蔽效能

参 考 文 献

[1] Harrington R F. Time-Harmonic Electromagnetic Fields. New York: McGraw-Hill, 1961.

[2] Taflove A, Umashankar K R, Beker B, et al. Detailed FD-TD analysis of electromagnetic fields penetrating narrow slots and lapped joint in thick conducting screen. IEEE Transactions on Antennas and Propagation, 1988, 36(2): 247-257.

[3] Gilbert J, Holland R. Implementation of the thin-slot formalism in the finite-difference EMP code THREDII. IEEE Transactions on Nuclear Science, 1981,28(6): 4269-4274.

[4] Wu C T, Pang Y H, Wu R B. An improved formalism for FDTD analysis of thin-slot problems by conformal mapping technique. IEEE Transactions on Antennas and Propagation, 2003, 51(9): 2530-2533.

[5] Gkatzianas M A, Balanis C A, Diaz R E. The Gilbert–Holland FDTD thin slot model revisited: An alternative expressionfor the in-cell capacitance. IEEE Microwave and Wireless Components Letters, 2004, 14(5): 219-221.

[6] Wang B Z. Enhanced thin-slot formalism for the FDTD analysis of thin-slot penetration. IEEE Microwave and Guided Wave Letters, 1995, 5(5): 142-143.

[7] Riley D J, Turner C D. Hybrid thin-slot algorithm for the analysis of narrow apertures in finite-difference time-domain calculations. IEEE Transactions on Antennas and Propagation, 1990, 38(12): 1943-1950.

[8] Robinson M P, Benson T M, Christopoulos C, et al. Analytical formulation for the shielding effectiveness of enclosures with apertures. IEEE Transactions on Electromagnetic Compatibility, 1998, 40(3): 240-248.

第 6 章　机箱孔口辐射耦合防护研究

大多数机箱由于通风散热、电力和信号传输等原因，通常在其壳体上设置有各类孔口。在复杂的战场电磁环境下，能量通过这些孔口耦合进入机箱内部，影响其电子系统正常工作甚至对个别部件造成损坏。因此，为有效地评估高功率电磁脉冲通过机箱壳体上孔口的耦合，研究增强机箱电磁防护能力的措施成为一个非常急迫的问题[1,2]。

窄带高功率微波 (high-power microwave，HPM) 和超宽带电磁脉冲 (ultra-wideband，UWB) 等高功率电磁环境对机箱的耦合途径主要有两类：辐射耦合和传导耦合。本章主要研究辐射耦合及其防护。辐射耦合是指干扰信号以电磁波的形式通过机箱上的各类孔洞或缝隙进入机箱内部空间。

要解决机箱的电磁防护问题，首先必须分析确定高功率电磁脉冲干扰是如何进入机箱内部的，即干扰的耦合途径。为此，将机箱上的孔口分为五类，分别在 HPM 和 UWB 激励下，对通过这五类孔口辐射耦合进入机箱内部的电磁场进行定量和定性分析，确定整个机箱电磁防护的薄弱环节。

针对辐射耦合进入机箱内电磁脉冲比较严重的通风孔阵列和机箱盖板搭接缝，提出了相应的防护措施。通过数值模拟，定量分析了所采取的防护措施的效能，大大增强了机箱的电磁防护能力。

通过前人的研究可知，双层屏蔽具有比单层屏蔽更好的屏蔽效果[3,4]。为提高双层屏蔽的效能，分别研究了两层屏蔽层之间的层间距、两屏蔽层上孔口正对情况、两屏蔽层之间填充介质对屏蔽效能的影响，并给出了双层屏蔽设计优化方案。

6.1　机箱孔口辐射耦合模型

由于机箱种类繁多、结构外形各异，在不同层次中辐射耦合途径也不尽相同，且机箱内部的结构复杂，给建模带来很大困难。为此，我们以研祥智能生产的嵌入式智能平台 IPC-810L 为例，见图 6-1 和图 6-2。该平台的机箱外形尺寸为 450 mm×420 mm×180 mm，前侧面板分布有通风孔阵列、硬盘指示灯、电压指示灯、电源开关、光驱及液晶显示屏，后侧面板分布有通风孔阵列、电源线插孔、USB 口、视频口和网络接口。

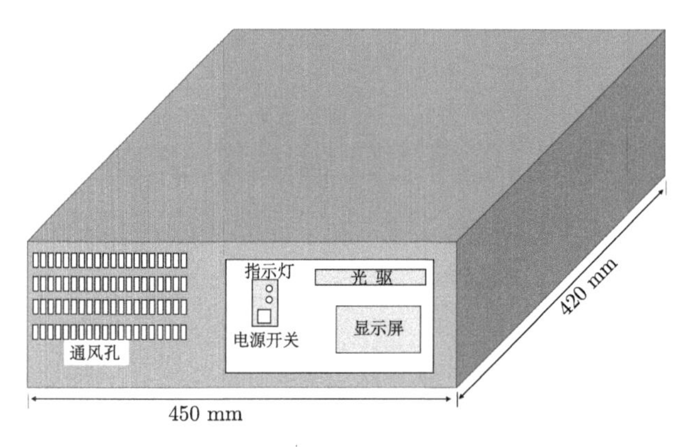

图 6-1　工控机前面板计算模型前面

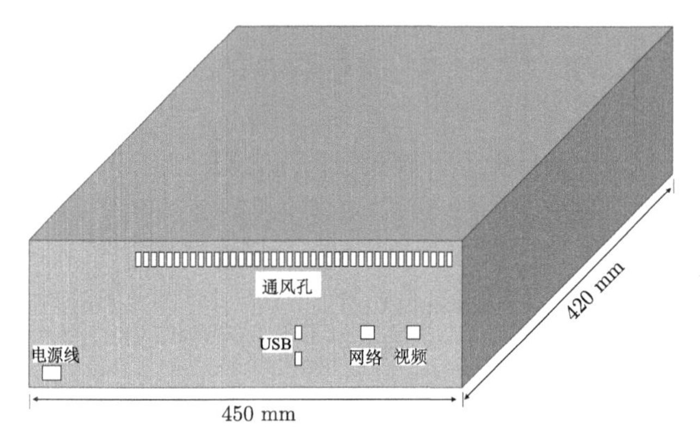

图 6-2　工控机后面板计算模型后面

HPM 时域波形是脉冲调制的正弦波，既可以单脉冲方式工作，又可以多脉冲 (脉冲串) 方式工作。单脉冲电场时域波形可用下式近似[1,2]：

$$E(t)=\begin{cases}E_0\dfrac{t}{t_1}\sin(2\pi f_0 t), & 0<t<t_1\\ E_0\sin(2\pi f_0 t), & t_1\leqslant t<t_1+\tau\\ E_0\left(\dfrac{\tau+2t_1}{t_1}-\dfrac{t}{t_1}\right)\sin(2\pi f_0 t), & t_1+\tau\leqslant t<2t_1+\tau\end{cases}\tag{6-1}$$

其中，E_0 为峰值电场；τ 为脉冲宽度；$\dfrac{\tau+2t_1}{t_1}$ 为脉冲上升时间和衰落时间；f_0 为载波频率 (即微波频率)，时域波形如图 6-3 所示。其中脉冲宽度、脉冲上升时间和衰落时间的定义和传统的定义略有不同，但差别不大，且波形的主要特征和实际情况是一致的，下文不再加以区别。

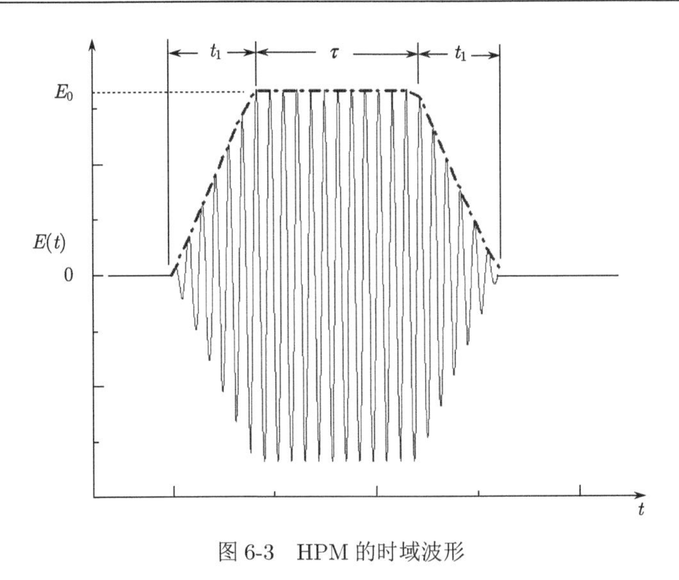

图 6-3　HPM 的时域波形

UWB 时域波形是无载频的双极性脉冲波，既可以单脉冲方式工作，又可以多脉冲方式 (脉冲串) 工作，单脉冲电场时域波形可用微分高斯脉冲近似：

$$E(t) = E_0 k(t - t_0)\exp\left[-\frac{4\pi(t - t_0)^2}{\tau^2}\right] \tag{6-2}$$

其中，$k = \sqrt{8\pi e} / \tau$；E_0 为电场峰值；τ 为脉冲宽度；t_0 为延时时间，脉冲的上升时间约为 $\tau/4$，时域波形如图 6-4 所示。综合考虑高功率电磁脉冲武器的现有水平、未来的发展趋势和机箱的实际情况，高功率电磁脉冲外部环境主要参数确定如表 6-1 所示。

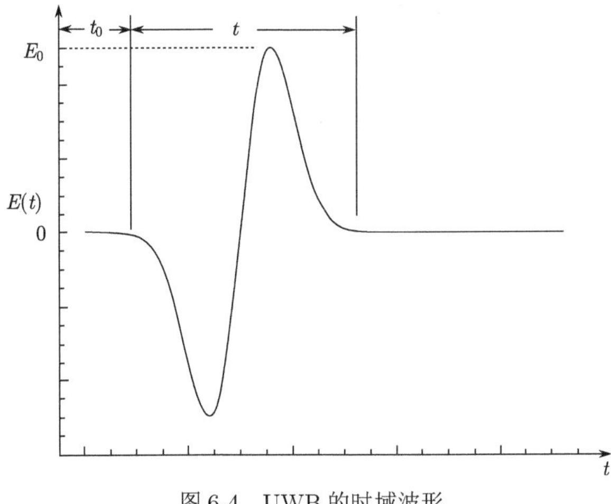

图 6-4　UWB 的时域波形

表 6-1　HPM 与 UWB 环境参数

参数	HPM 环境参数	UWB 环境参数
电场峰值 E_0	$E_0 = \begin{cases} 2.5\times10^5\ \text{V/m}, & f\leqslant 10\ \text{GHz} \\ 2.5\times10^6/f(\text{GHz})\ \text{V/m}, & f>10\ \text{GHz} \end{cases}$	2.5×10^5 V/m
源的峰值功率	$P_{pk} = \begin{cases} 100\ \text{GW} & f\leqslant 10\text{GHz} \\ 10^4/f^2\text{GW} & f>10\text{GHz} \end{cases}$	100 GW
脉宽 τ	50~10 μs	0.1~1 ns
重复频率	1 kHz	1~10 kHz

注：HPM 的脉冲上升时间 t_1 为 10 ns。

为衡量电磁波通过机箱上各种孔口的辐射耦合，我们首先分别观测了机箱内部的电场，并输出了机箱中心三个方向电场分量中最大的一个分量。此外，记录了机箱内部各个点上每一时刻的场量，并通过峰值场强计算公式：

$$E_p(t) = 20\lg\left[\sqrt{E_x(t)^2 + E_y(t)^2 + E_z(t)^2}\right]\text{dBV/m} \tag{6-3}$$

得到了各个时刻的场强。为确定电磁辐射耦合最严重的情况，我们输出了机箱内各点在脉冲持续时间内的峰值场强。

6.2　机箱孔口辐射耦合途径研究

为简化分析，将机箱上的孔口分为五类：光驱和显示屏开孔；前后面板上的通风孔阵列；机箱上四个侧面的盖板搭接缝；包括 USB、网线、视频线在内的电源线和信号线开孔；电源开关和指示灯开孔。下面我们将分别研究这五类孔口在 HPM 和 UWB 激励下辐射耦合进入机箱内部的电磁场。

6.2.1　光驱和显示屏开孔

光驱尺寸为 15 cm×4 cm，显示屏尺寸为 17 cm×10 cm。两者开孔尺寸均大于最小入射脉冲波长，对其直接采用大尺寸孔口模型进行网格剖分。在未经任何电磁防护处理的情况下，显示屏开孔就成为高功率微波、超宽带电磁脉冲进入机箱内部的一个重要渠道。

图 6-5 和图 6-6 为仅有光驱和显示屏开孔存在时，在 HPM 和 UWB 分别激励下机箱内部中心点最大电场分量时域波形。在 HPM 激励下，机箱中部电场 E_x 的幅值为 25.5 kV/m，E_y 的幅值为 13.2 kV/m，E_z 的幅值为 51.4 kV/m。图 6-5 为 HPM 激励下电场 E_z 的时域波形，右上角的小图为电场强度最大的 10 ns 内的波

形放大图。可以看到，由于光驱和显示屏开孔尺寸相对机箱较大，HPM 大部分通过开孔进入机箱内部，且不形成明显的谐振。在 UWB 激励下，机箱中部电场 E_x 的幅值为 15.9 kV/m，E_y 的幅值为 4.6 kV/m，E_z 的幅值为 13.3 kV/m。图 6-6 为 UWB 激励下电场 E_x 的时域波形。

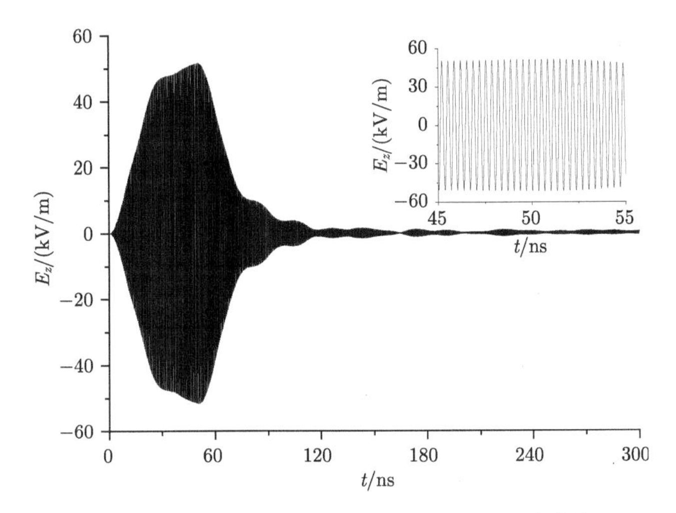

图 6-5　HPM 激励下机箱内部中心点电场分量时域波形

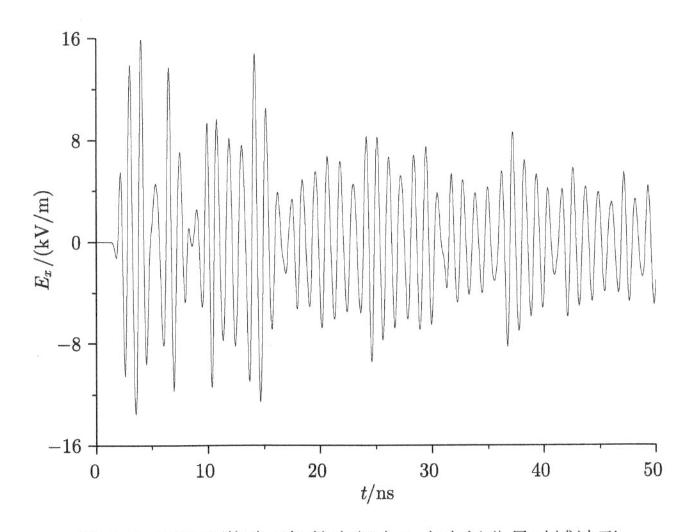

图 6-6　UWB 激励下机箱内部中心点电场分量时域波形

图 6-7 和图 6-8 为仅有光驱和显示屏开孔存在时，在 HPM 和 UWB 分别激励下机箱内部峰值场强分布。图 6-7 为 HPM 激励下机箱内部峰值场强分布，大部分空间峰值场强大于 85 dBV/m，个别地方由于机箱的反射谐振，峰值场强达到

100 dBV/m，整个机箱对 HPM 基本不起屏蔽作用。图 6-8 为 UWB 激励下机箱内部峰值场强分布，与 HPM 激励情况类似，由于光驱、显示屏面板开孔的存在，机箱对 UWB 的屏蔽衰减效果很弱。

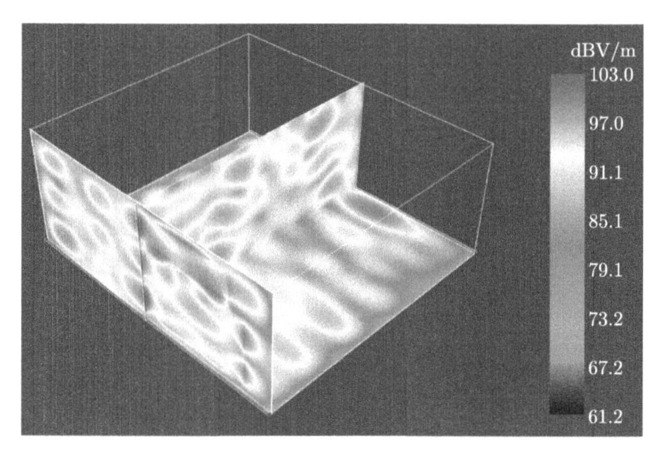

图 6-7　HPM 激励下机箱内部峰值场强分布

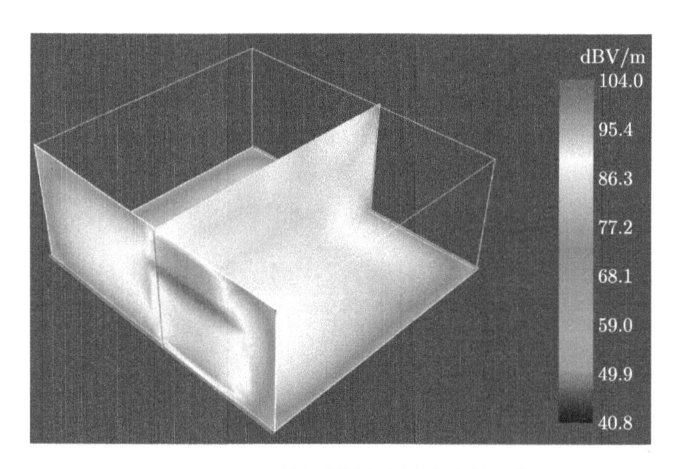

图 6-8　UWB 激励下机箱内部峰值场强分布

6.2.2　通风孔阵列

在机箱的前面板和后面板上分别布有两个通风孔阵列。前通风孔阵列由 4×20 个小孔组成，阵列的尺寸为 12 cm×10 cm。每个小孔的大小为 1.5 cm×0.3 cm，左、右小孔间距为 0.3 cm，上、下小孔间距为 1 cm。后通风孔阵列由一排 40 个小孔组成，阵列的尺寸为 24 cm×1 cm。小孔尺寸与前面板阵列相同，左、右间距为 0.3 cm。

图 6-9 和图 6-10 为仅有前后通风孔阵列存在时，在 HPM 和 UWB 分别激励下机箱内部中心点最大电场分量时域波形。在 HPM 激励下，机箱中部电场 E_x 的幅值为 1.3 kV/m，E_y 的幅值为 2.2 kV/m，E_z 的幅值为 5.7 kV/m。图 6-9 为 HPM 激励下电场 E_z 的时域波形，右上角的小图为电场强度最大的 10 ns 内的波形放大图。在 UWB 激励下，机箱中部电场 E_x 的幅值为 94.8 V/m，E_y 的幅值为 127.8 V/m，E_z 的幅值为 112.7 V/m。图 6-10 为 UWB 激励下电场 E_y 的时域波形。可以看到，相对于光驱和显示屏开孔，通风孔阵列在 UWB 激励下 E_y 分量的辐射耦合明显增强；HPM 激励下机箱内部形成明显的谐振。

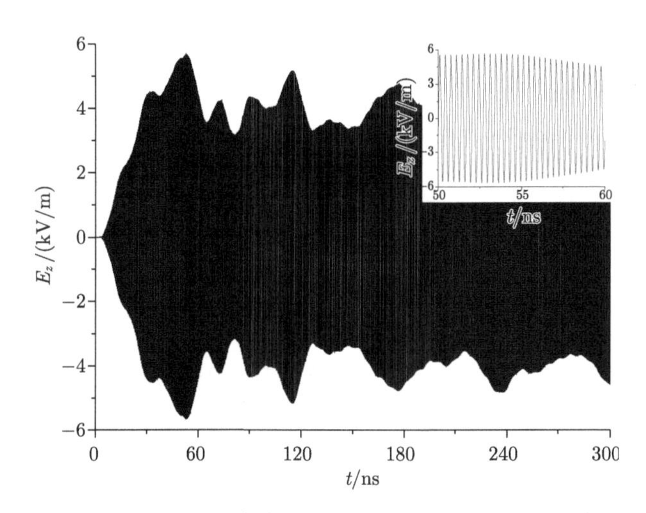

图 6-9　HPM 激励下机箱内部中心点位置电场分量时域波形

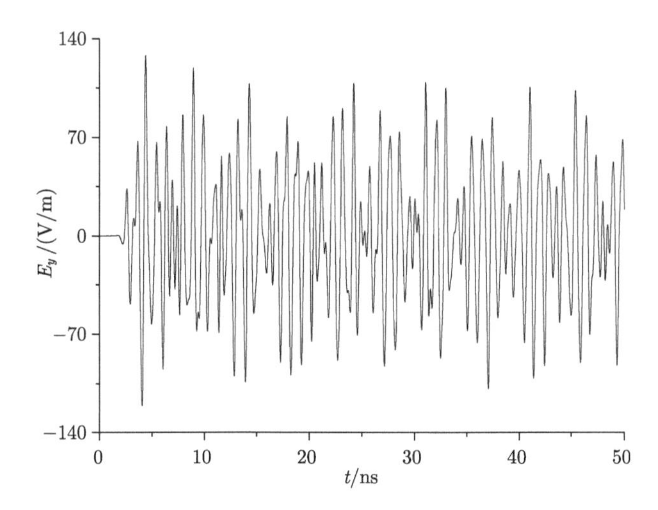

图 6-10　UWB 激励下机箱内部中心点位置电场分量时域波形

图 6-11 和图 6-12 为仅有前后通风孔阵列存在时，HPM 和 UWB 分别激励下机箱内部峰值场强分布。图 6-11 为 HPM 激励下，经通风孔阵列进入机箱内部的峰值场强分布，机箱内部大部分峰值场强在 50 dBV/m 以上，有一定的周期性变化，孔阵列附近峰值场强最强超过 80 dBV/m，且随距离衰减很快。图 6-12 为 UWB 激励下，经通风孔阵列辐射耦合进入机箱内部的峰值场强分布，通风孔附近峰值场强最高达到 80 dBV/m 以上；由于通风孔对低频分量的电磁波衰减较大，与 HPM 激励情况下相比，UWB 激励下辐射耦合进入机箱内部的能量较低，机箱内部大部分空间的峰值场强在 35 dBV/m 左右。

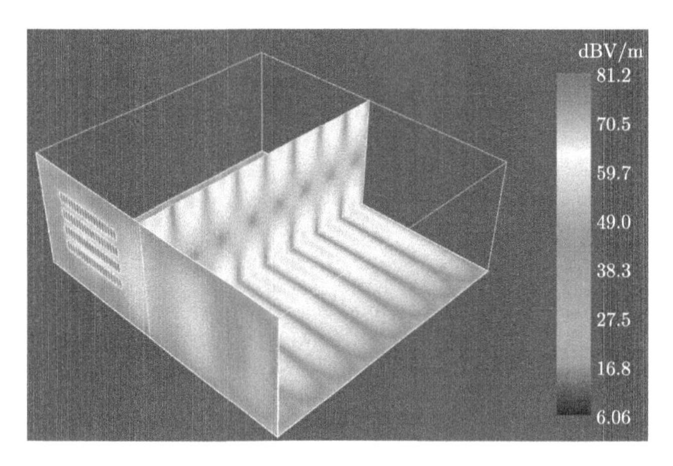

图 6-11　HPM 激励下机箱内部峰值场强分布(仅有通风孔阵列时)

图 6-12　UWB 激励下机箱内部峰值场强分布(仅有通风孔阵列时)

6.2.3　机箱上盖板搭接缝

机箱上的搭接缝隙主要考虑机箱顶盖板，搭接缝隙宽度为 0.5 mm，深度为 5 mm，缝隙被 2 个螺钉分割成三部分，见图 6-13。

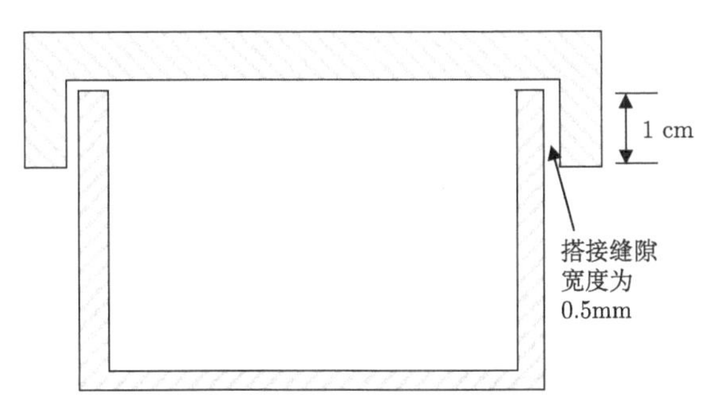

图 6-13　机箱上盖板搭接缝

图 6-14 和图 6-15 为机箱上盖板搭接缝存在时，在 HPM 和 UWB 分别激励下机箱内部中心点最大电场分量时域波形。在 HPM 激励下，机箱中部电场 E_x 的幅值基本为零，E_y 的幅值为 553.9 V/m，E_z 的幅值为 1.3 kV/m。图 6-14 为 HPM 激励下电场 E_z 的时域波形，右上角的小图为电场强度最大的 10 ns 内的波形放大图。在 UWB 激励下，机箱中部电场 E_x 的幅值基本为零，E_y 的幅值为 50.9 V/m，E_z 的幅值为 254.8 V/m。图 6-15 为 UWB 激励下电场 E_z 的时域波形。

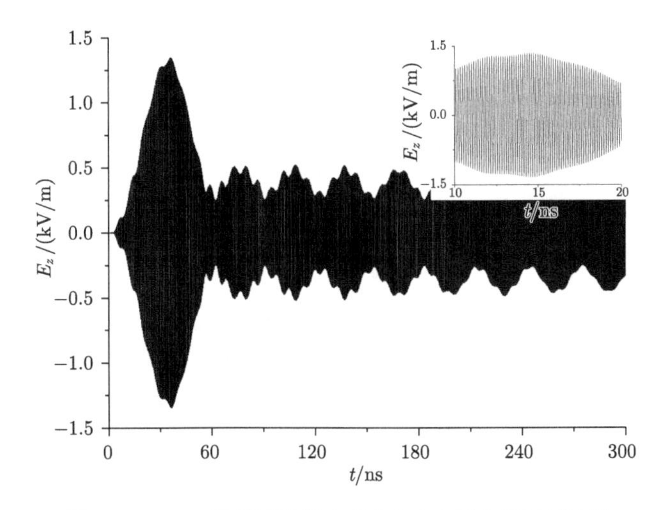

图 6-14　HPM 激励下机箱内部中心点电场分量时域波形

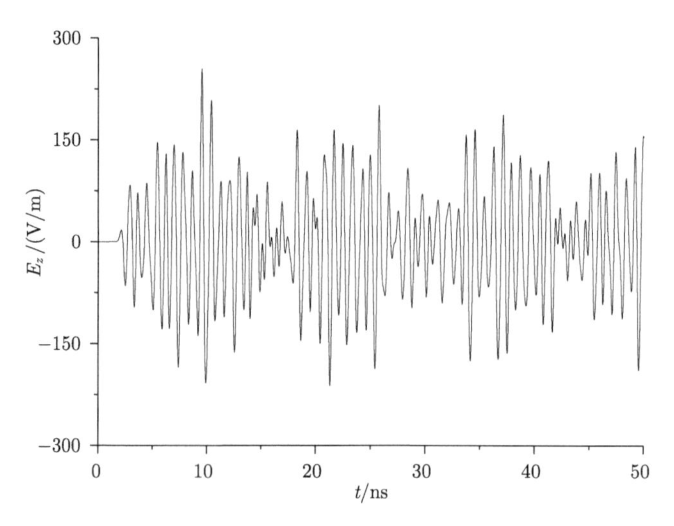

图 6-15　UWB 激励下机箱内部中心点电场分量时域波形

图 6-16 和图 6-17 为仅有机箱上盖板搭接缝存在时，HPM 和 UWB 分别激励下机箱内部峰值场强分布。图 6-16 为 HPM 激励下从机箱上盖板搭接缝辐射耦合进入机箱内部的峰值场强分布。机箱内部大部分空间位置最大峰值场强都在 60 dBV/m 左右。图 6-17 为 UWB 激励下从机箱上盖板搭接缝辐射耦合进入机箱内部的峰值场强分布。机箱内部大部分空间位置最大峰值场强都在 50 dBV/m 左右。

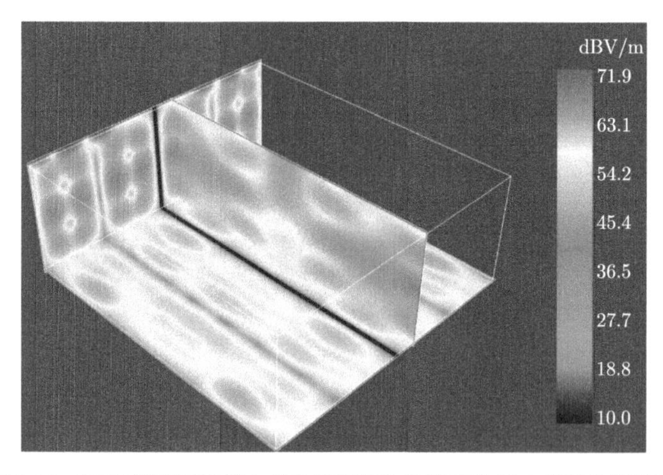

图 6-16　HPM 激励下机箱内部峰值场强分布(仅有机箱上盖板搭接缝时)

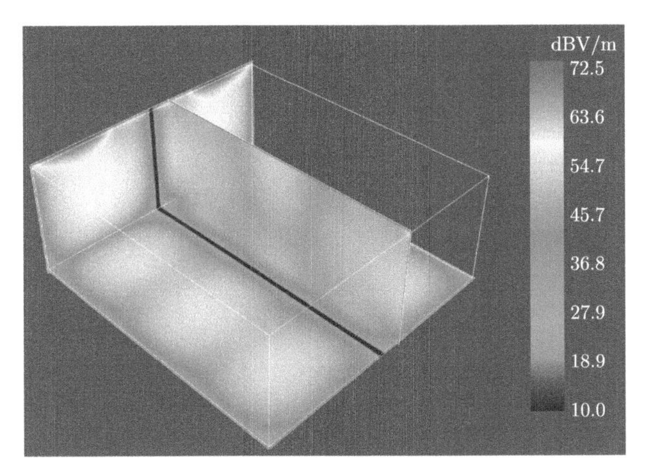

图 6-17　UWB 激励下机箱内部峰值场强分布(仅有机箱上盖板搭接缝时)

6.2.4　电源线和信号线开孔

信号线包括 USB、网线、视频线，其中，USB 孔尺寸为 1.5 cm×0.6 cm，网线孔尺寸为 1.5 cm×1.0 cm，视频线孔尺寸为 7.0 cm×0.8 cm，电源线插座孔尺寸为 2.5 cm×2.0 cm。

图 6-18 和图 6-19 为仅有电源线和信号线孔口存在时，在 HPM 和 UWB 分别激励下机箱内部中心点最大电场分量时域波形。在 HPM 激励下，机箱中部电场 E_x 的幅值为 9.0 kV/m，E_y 的幅值为 1.3 kV/m，E_z 的幅值为 5.5 kV/m。图 6-18 为 HPM 激励下的电场 E_z 的时域波形，右上角的小图为电场强度最大的 10 ns 内

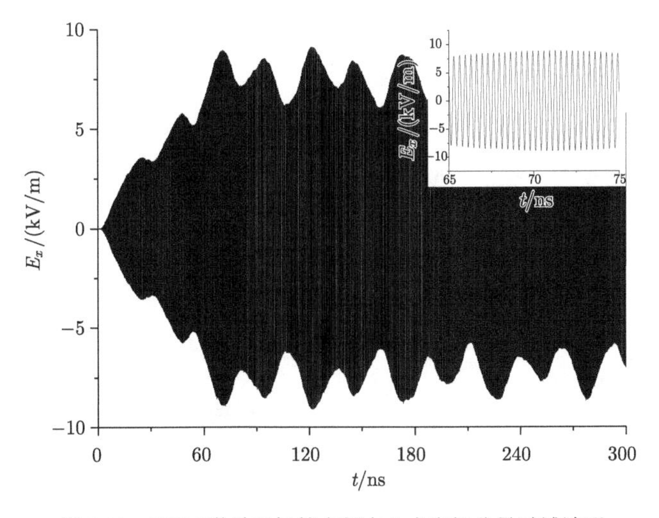

图 6-18　HPM 激励下机箱内部中心点电场分量时域波形

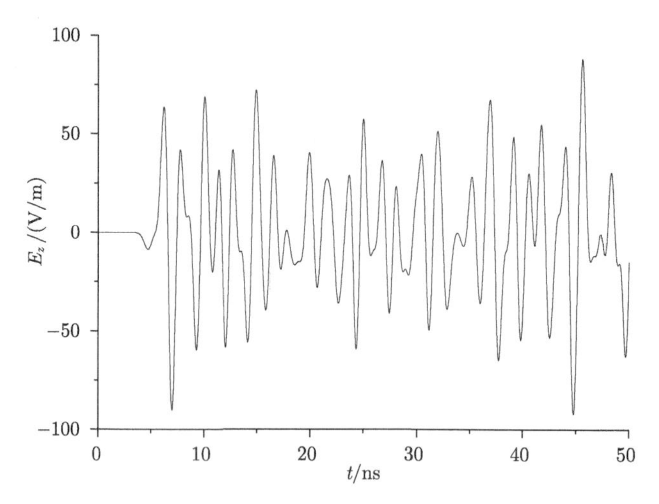

图 6-19　UWB 激励下机箱内部中心点电场分量时域波形

的波形放大图。在 UWB 激励下，机箱中部电场 E_x的幅值为 67.2 V/m，E_y的幅值为 18.9 V/m，E_z的幅值为 102.5 V/m。图 6-19 为 UWB 激励下电场 E_z的时域波形。

图 6-20 和图 6-21 为仅有电源线和信号线孔口存在时，在 HPM 和 UWB 分别激励下机箱内部峰值场强分布。图 6-10 为 HPM 激励下从电源线和信号线孔口辐射耦合进入机箱内部的峰值场强分布，机箱内部峰值场强在 80 dBV/m 左右。图 6-21 为 UWB 激励下机箱内部峰值场强分布。除了孔口位置峰值场强较大外，机箱内部空间峰值场强约 50 dBV/m。说明由于 UWB 低频分量较多，经孔口辐射耦合进入机箱内部的能量要比 HPM 少。

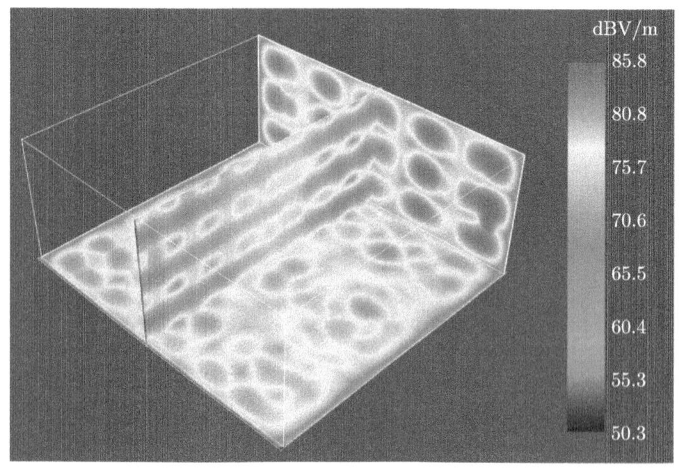

图 6-20　HPM 激励下机箱内部峰值场强分布(仅有电源线和信号线孔口时)

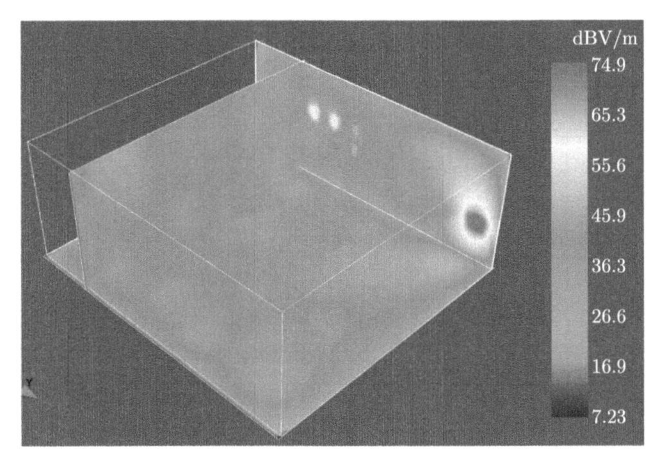

图 6-21　UWB 激励下机箱内部峰值场强分布(仅有电源线和信号线孔口时)

6.2.5　电源开关和指示灯开孔

电源开关和指示灯开孔均位于前面板上，电源开关按钮开孔为边长 1 cm 的方孔，电源指示灯和硬盘指示灯开孔半径均为 2 mm。

图 6-22 和图 6-23 为仅有电源开关和指示灯开孔存在时，在 HPM 和 UWB 分别激励下机箱内部中心点最大电场分量时域波形。在 HPM 激励下，机箱中部电场 E_x 的幅值为 362.6 V/m，E_y 的幅值为 127.0 V/m，E_z 的幅值为 329.8 V/m。图 6-22 为 HPM 激励下的电场 E_x 的时域波形，右上角的小图为电场强度最大的 10 ns 内的波形放大图。在 UWB 激励下，机箱中部电场 E_x 的幅值为 16.9 V/m，E_y 的幅值为 1.3 V/m，E_z 的幅值为 14.7 V/m。图 6-23 为 UWB 激励下电场 E_x 的时域波形。

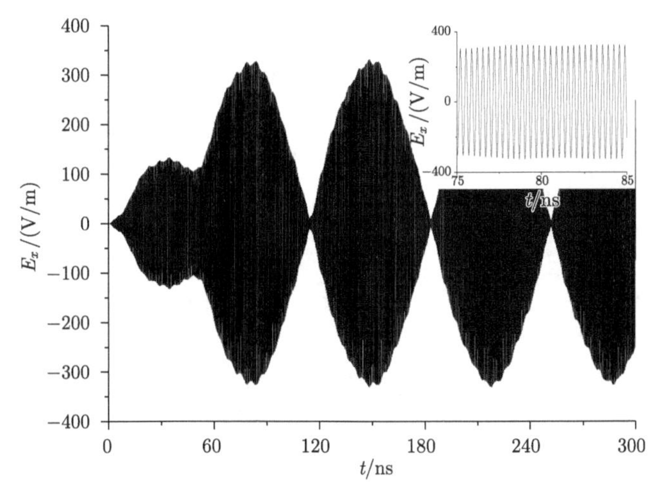

图 6-22　HPM 激励下机箱内部中心点电场分量时域波形

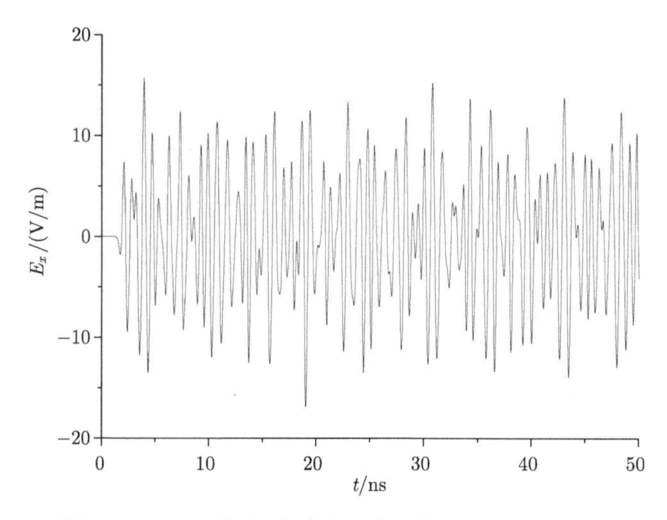

图 6-23　UWB 激励下机箱内部中心点电场分量时域波形

图 6-24 和图 6-25 为仅有电源开关和指示灯开孔存在时，在 HPM 和 UWB 分别激励下机箱内部峰值场强分布。图 6-24 为 HPM 激励下机箱内部峰值场强分布，除了电源开关、指示灯开孔附近的峰值场强较强外，其他部位峰值场强都在 60 dBV/m 以下，说明开关、指示灯连接线对机箱内部峰值场强影响不大。图 6-25 为 UWB 激励下机箱内部峰值场强分布，开关、指示灯附近场强达到 60 dBV/m 以上，但随距离的衰减很快，机箱内部峰值场强大部分低于 35 dBV/m。

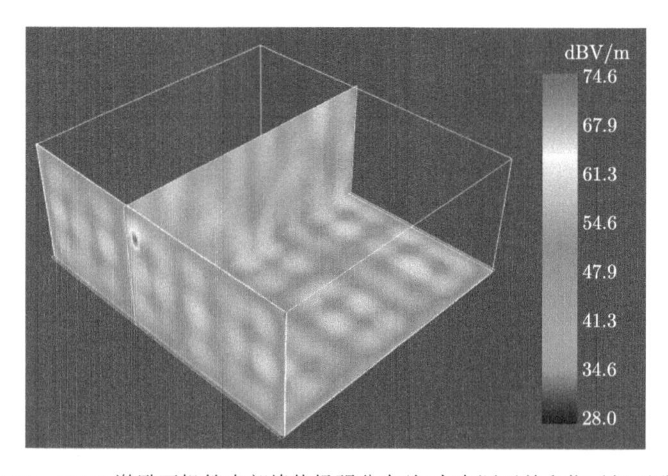

图 6-24　HPM 激励下机箱内部峰值场强分布(仅有电源开关和指示灯开孔时)

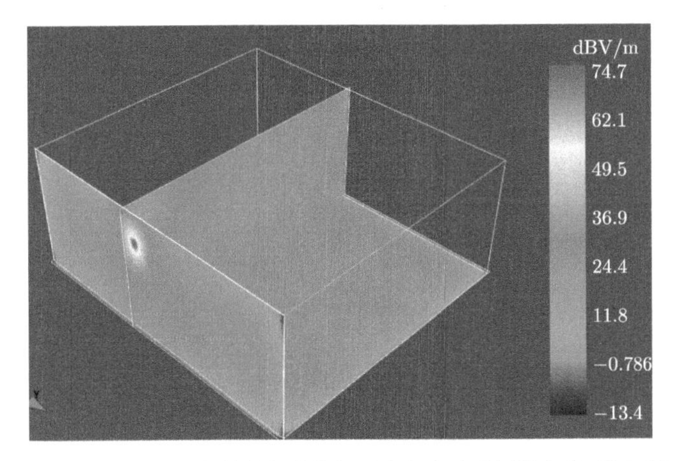

图 6-25　UWB 激励下机箱内部峰值场强分布(仅有电源线和指示灯开孔时)

通过以上对五类机箱上孔口单独存在时，HPM 和 UWB 激励试验结果的分析，可以得到以下结论：

(1) 光驱和显示屏开孔、机箱盖板搭接缝以及通风孔阵列是高功率电磁波激励下，辐射耦合最强的三个途径，也是下一步防护的重点部位。

(2) 通过对 HPM 和 UWB 激励结果的比较，高频电磁能量更易于通过缝隙辐射耦合进入机箱内部。

(3) 进入机箱内的干扰波形产生振荡，且不断衰减，谐振频率和机箱的几何尺寸有关。

(4) 机箱在高功率电磁波激励下是非常脆弱的，对高功率电磁激励产生的强电磁辐射基本起不到屏蔽的作用。机箱内部导体周围场强最高峰值达 113 dBV/m，其他部位峰值场强均大于 80 dBV/m。

6.3　机箱孔口辐射耦合防护措施

显示屏暴露在复杂的战场电磁环境下，具有最大的开口面积，是机箱等屏蔽体中电磁泄漏量较大且最难处理的一类孔口。为兼顾透光性与电磁防护，可采用屏蔽透光材料作为显示屏材料。对电源线、USB 线、视频线以及网线等电源信号线的防护，考虑孔口贯通线缆的存在，主要采取屏蔽措施，选用带屏蔽层的线缆。下面将着重研究通风孔阵列和机箱上盖板搭接缝辐射耦合的防护，以此提高机箱的电磁防护能力。

6.3.1　通风孔阵列的防护

机箱上的散热通风孔是高功率微波以及超宽带电磁脉冲进入机箱内部的一个重要渠道。数值模拟结果表明，通过普通金属板穿孔的通风阵列辐射耦合进入的高功率电磁脉冲峰值依然可以达到几百伏到上千伏。钢板网和穿孔金属板只适合入射场频率低于 100 MHz 且屏蔽效能要求不高的场合。对于高性能电磁屏蔽机箱的通风窗，目前比较成熟的技术是采用波导式通风窗，模型见图 6-26。其基本原理是当电磁波的频率低于波导截止频率时，在波导中传播将很快衰减，这就有效地抑制了截止频率以下的电磁波耦合进入机箱。

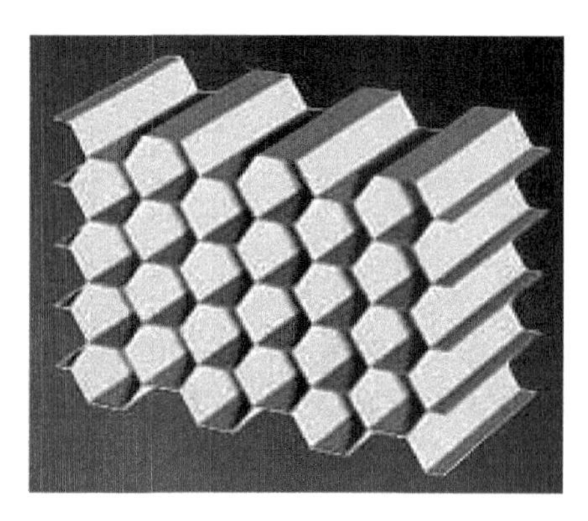

图 6-26　矩形截止波导窗模型

截止波导对电磁波的衰减可由下式估算：

$$A = 1.823 \cdot f_c \cdot l \cdot \sqrt{1-\left(f / f_c\right)^2} \times 10^{-9} \tag{6-4}$$

其中，f_c为波导截止频率，矩形波导 f_c=15/a GHz，a为波导孔边长；f为电磁波频率；l为波导长度。为了有效抑制 40 GHz 以下的电磁干扰，波导截面尺寸设为 3 mm×3 mm，波导长度设为 15 mm。前、后面板上的波导通风面积分别与原前、后面板上的通风孔阵列面积一样。

将原通风孔阵列换为矩形截止波导窗后，再次模拟了 HPM 和 UWB 分别激励下，机箱内部辐射耦合的电磁场，并分别记录了机箱中时域波形和机箱内部峰值场强分布。

图 6-27 和图 6-28 为通风孔阵列换为矩形截止波导窗后，在 HPM 和 UWB 分别激励下机箱内部中心点最大电场分量时域波形。在 HPM 激励下，机箱中部电场 E_x的幅值为 7.8 V/m，E_y的幅值为 9.1 V/m，E_z的幅值为 23.0 V/m。图 6-27 为 HPM 激励下的电场 E_z的时域波形，右上角的小图为电场强度最大

的 10 ns 内的波形放大图。在 UWB 激励下，机箱中部电场 E_x 的幅值为 1.1 V/m，E_y 的幅值为 0.5 V/m，E_z 的幅值为 0.2 V/m。图 6-28 为 UWB 激励下电场 E_x 的时域波形。

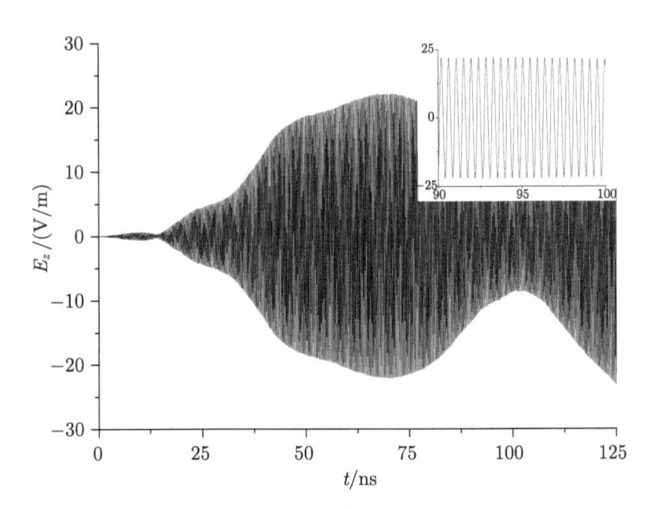

图 6-27　HPM 激励下机箱内部中心点电场分量时域波形

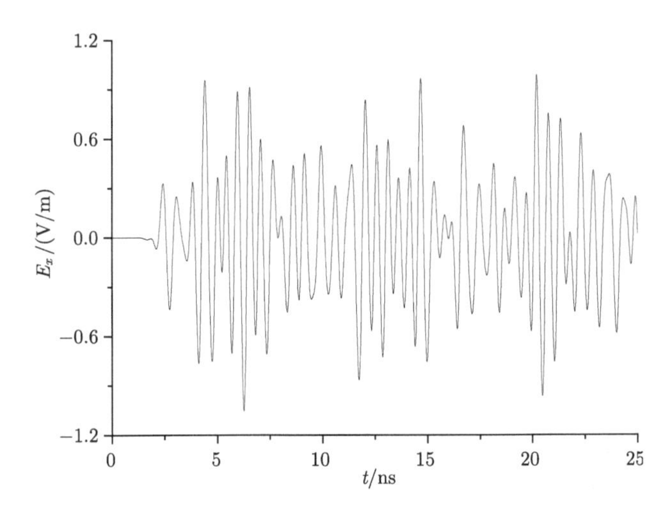

图 6-28　UWB 激励下机箱内部中心点电场分量时域波形

图 6-29 和图 6-30 为通风孔阵列换为矩形截止波导窗后，在 HPM 和 UWB 分别激励下机箱内部峰值场强分布。图 6-29 为 HPM 激励下，通过波导式通风窗辐射耦合到机箱内部的峰值场强分布。机箱内部大部分空间峰值场强都在 30 dBV/m 以下，比普通金属板穿孔通风阵列屏蔽效能提高了 20 dB 以上。图 6-30 为 UWB 激励下，机箱内部空间峰值场强分布，最大峰值场强低于 10 dBV/m，

比普通金属板穿孔通风阵列屏蔽效能提高了 25 dB 以上。由此可见，使用矩形截止波导窗作为通风孔能够显著改善机箱的电磁防护能力。

图 6-29　HPM 激励下机箱内部峰值场强分布(通风孔阵列换为矩形截止波导窗后)

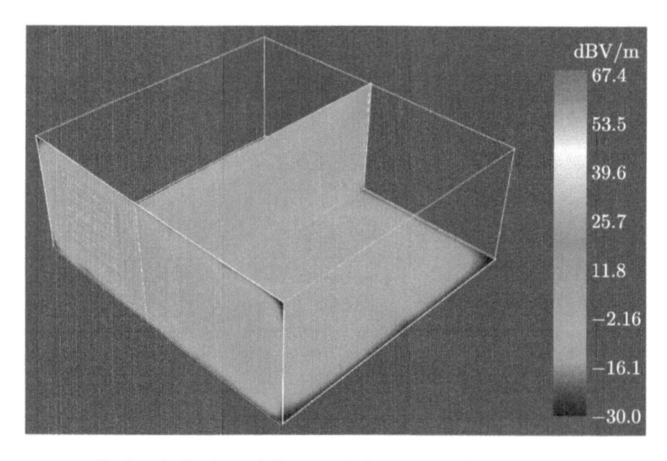

图 6-30　UWB 激励下机箱内部峰值场强分布(通风孔阵列换为矩形截止波导窗后)

6.3.2　机箱盖板搭接缝的防护

由于机箱主体结构是拼接而成的，缝隙必然存在。搭接缝隙的防护措施有：增大搭接缝隙的深度；通过改变机箱铆接螺钉的数目将较长的缝隙变成一系列短缝；采用屏蔽衬垫、导电胶条等电密封措施。可采取的模型如图 6-31 所示，下面通过模拟比较三种措施的效果。

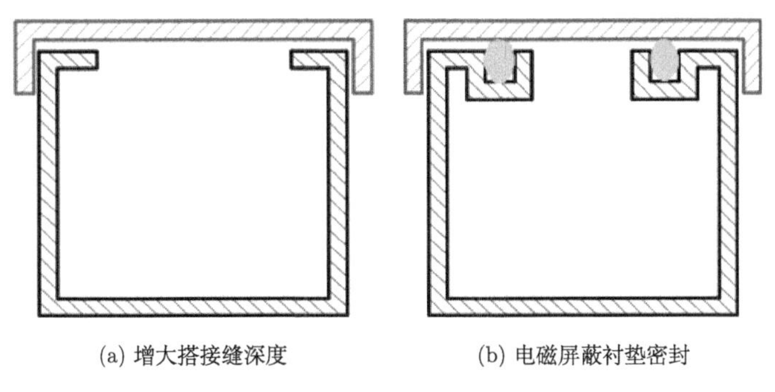

图 6-31　机箱搭接缝防御模型

1. 增加铆接螺钉数目

将机箱搭接面板铆接螺钉由原来的 2 个增加到 6 个，即将搭接缝分割成 7 个短缝，搭接缝宽度和搭接深度均保持不变。图 6-32 和图 6-33 分别为 HPM 和 UWB 激励下机箱内部峰值场强分布，和 2 个铆接螺钉结果 (图 6-16 和图 6-17) 比较，屏蔽效能提高了 5~10 dB。

进一步增加铆接螺钉数目至 13 个，即将 420 mm 的搭接缝长缝分割为 14 个 30 mm 长的短缝，此时机箱内部峰值场强分布见图 6-34 和图 6-35。机箱屏蔽效能进一步提高了约 10 dB。

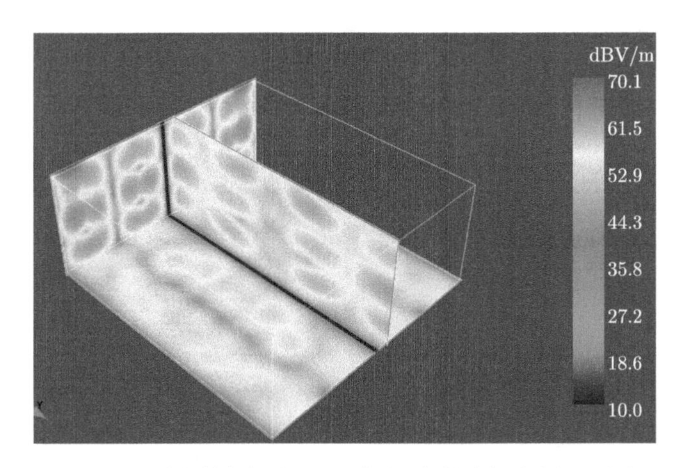

图 6-32　6 个铆接螺钉时 HPM 激励下机箱内部峰值场强分布

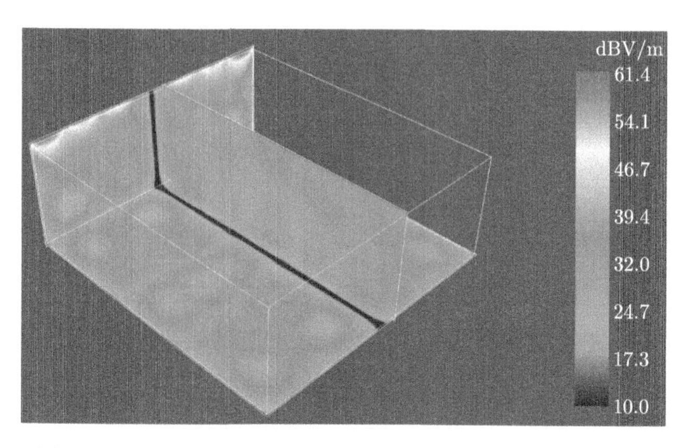

图 6-33　6 个铆接螺钉时 UWB 激励下机箱内部峰值场强分布

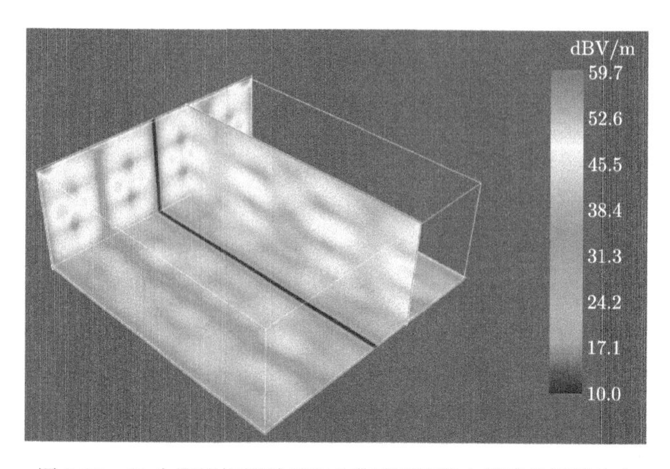

图 6-34　13 个铆接螺钉时 HPM 激励下机箱内部峰值场强分布

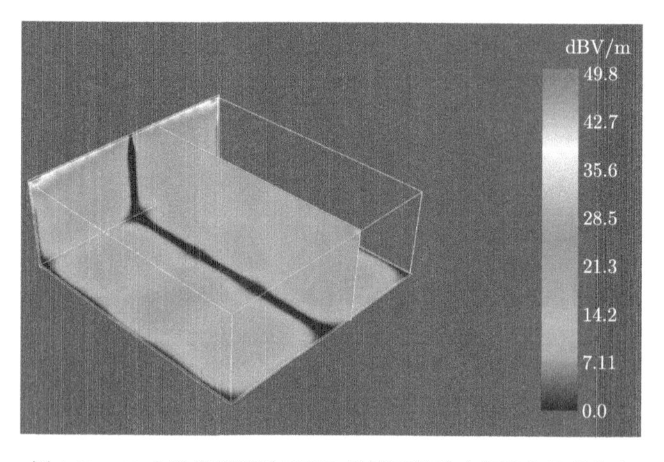

图 6-35　13 个铆接螺钉时 UWB 激励下机箱内部峰值场强分布

2. 增大搭接缝深度

按图 6-31 方式将机箱上盖板搭接缝深度由原来的 5 mm 增加到 1 cm，铆接螺钉 6 个，搭接缝宽度和以上设置相同。图 6-36 和图 6-37 分别为 HPM 和 UWB 激励下机箱内部峰值场强分布，与图 6-34 和图 6-35 比较，屏蔽效能提高 5~10 dB。但 HPM 电场峰值依然高于 100 V/m。

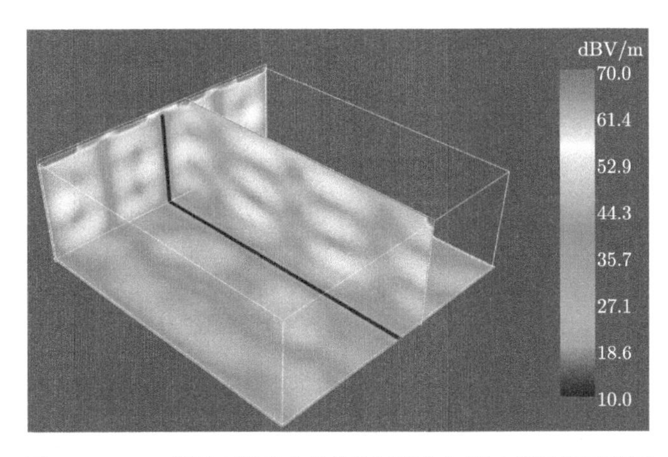

图 6-36　HPM 激励下机箱内部峰值场强分布(增大搭接缝深度后)

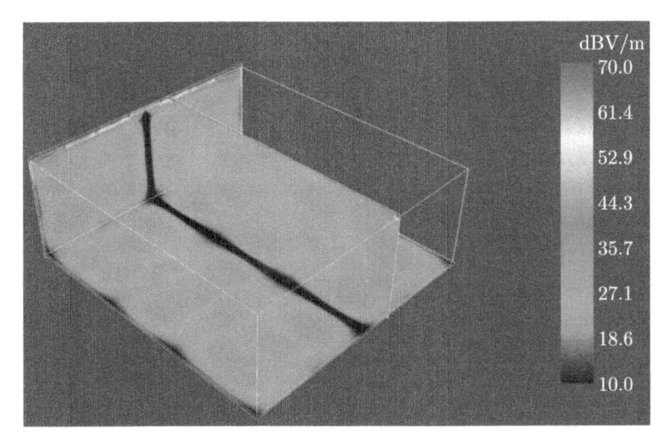

图 6-37　UWB 激励下机箱内部峰值场强分布(增大搭接缝深度后)

3. 填充金属屏蔽衬垫

虽然通过增加机箱盖板铆接螺钉数量可以提高机箱的屏蔽效能，但是这给生产和安装带来很大困难，也不美观；而且随着电磁波频率的升高，改善效果越来越有限。一种有效的防护措施是在搭接缝隙中间填充金属屏蔽衬垫，使缝隙变小并将较长的缝隙分割成一系列很小的短缝，从而减小高频电磁波的泄漏。常用的金属屏蔽衬垫有金属丝网衬垫、导电橡胶、指形簧片、螺旋管衬垫等，屏蔽机箱可选用金属丝网衬垫。

假设填充金属屏蔽衬垫后，搭接缝隙宽度减小为 0.3 mm，搭接深度保持不变，仍为 1 cm，铆接螺钉由 6 个增加为 29 个。图 6-38 和图 6-39 为 HPM 和 UWB 分别激励下，填充金属屏蔽衬垫后，经搭接缝辐射耦合进入机箱内部的峰值场强分布。除了搭接缝附近峰值场强较强外，其他部位峰值场强均在 10 dBV/m 以下，机箱屏蔽效果很好。

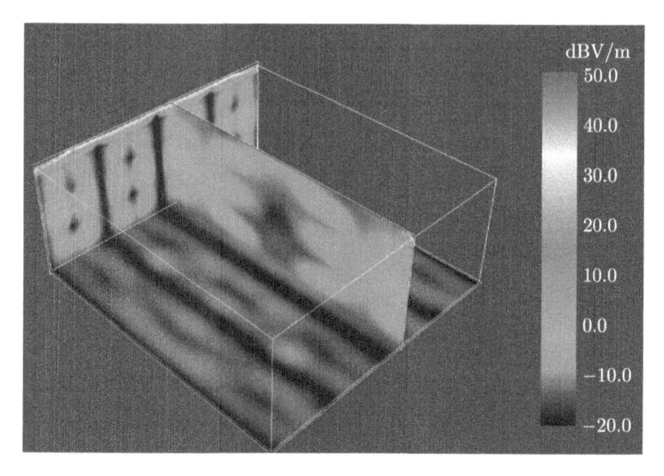

图 6-38　HPM 激励下机箱内部峰值场强分布(填充金属屏蔽衬垫后)

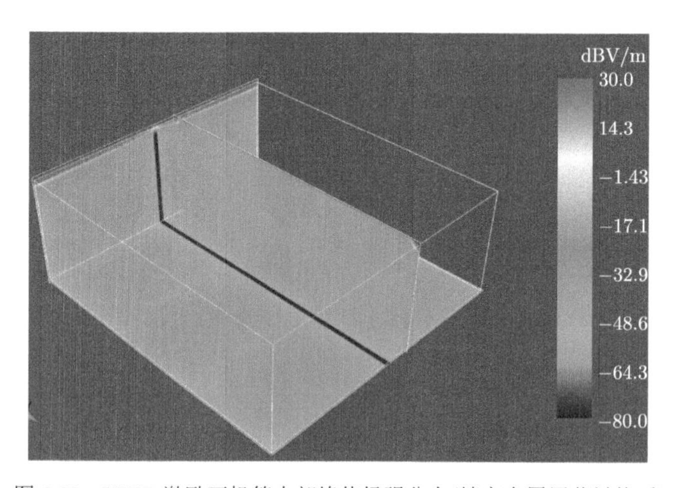

图 6-39　UWB 激励下机箱内部峰值场强分布(填充金属屏蔽衬垫后)

由此可见，通过增加机箱铆接螺钉的数目、增大搭接缝隙的深度、采用电密封措施均能够比较明显地提高机箱的电磁防护能力。

6.4　双层屏蔽设计

为提供双层屏蔽优化方案，模拟了电磁波通过两个带有典型窄缝的平行无限大导体板的耦合，并观测了双层屏蔽的屏蔽效能。分析采用了 4.1 节的无限大导体板模型，各部尺寸如图 6-40 所示，计算域的大小为 $x\times y\times z$=75 mm×105 mm×210 mm。内侧导体板位于 z 方向中心 z=105 mm 处，外侧导体板位于导体板左侧相距为 d，坐标为 z=(105−d) mm。两层导体板上均开有大小相等的窄缝，窄缝尺寸均为 $L\times w$=60 mm×5 mm，长边沿 y 方向，短边沿 x 方向，内侧导体板上的窄缝位于导体板中央位置。

入射波为 TEM 模高斯脉冲，极化方向与窄缝长边方向垂直，沿 z 方向垂直于导体板平面入射

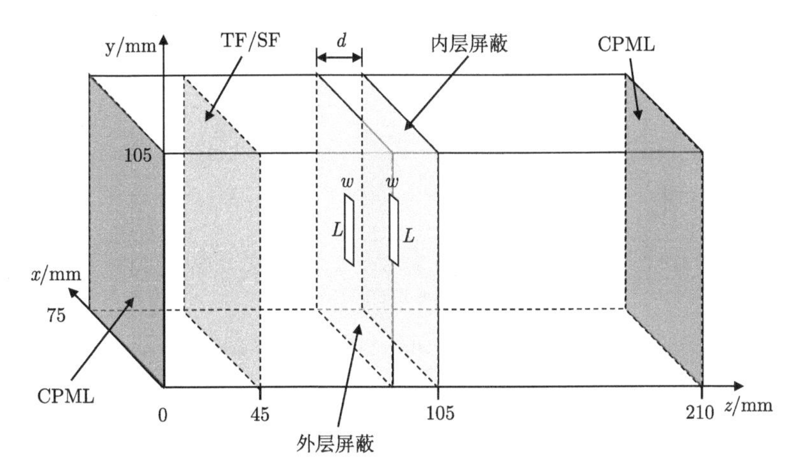

图 6-40　双层屏蔽模拟计算区域

$$E_x(t)=\exp\left[(t-t_0)^2/T^2\right] \tag{6-5}$$

其中，T=0.5 ns；t_0=3 T，有效频谱从直流到 1 GHz。入射波用连接边界条件 (TF/SF) 引入，位于导体板左侧 60 mm 处。计算区域采用 10 层 CPML 截断。FDTD 法模拟的空间步长Δ=1/3 mm，时间步长Δt=Δ/(2c)，其中 c 为真空中的波速。分析中采用屏蔽效能评估不同参数下的双层屏蔽效能，屏蔽效能由下式给出：

$$\mathrm{SE} = -20\lg\left(\left|\bar{E}_x^{\mathrm{shield}}\right| \Big/ \left|\bar{E}_x^{\mathrm{inc}}\right|\right) \tag{6-6}$$

其中，$\bar{E}_x^{\mathrm{shield}}$ 为采取双层屏蔽时采样点电场 E_x 分量时域波形最大值；$\bar{E}_x^{\mathrm{inc}}$ 为不屏蔽时同一点电场 E_x 分量时域波形最大值，采样点位于 z=145 mm 平面中心。

6.4.1 层间距与屏蔽效能的关系

为检验两屏蔽层间距对屏蔽效果的影响，模拟了两层导体板之间的层间距从 2 mm 变化到 25 mm 时的屏蔽效能，如图 6-41 所示。试验层间距对窄缝耦合的影响时，保持内侧导体板位置不变，仅变化外侧导体板位置。

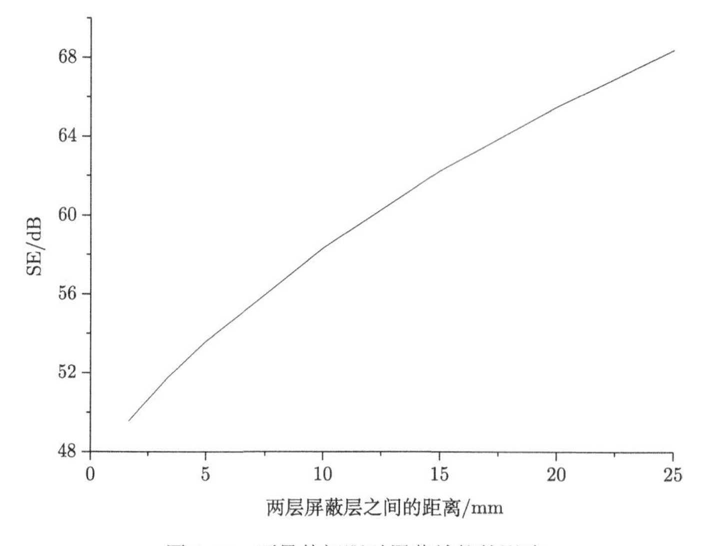

图 6-41　两导体间距对屏蔽效能的影响

从图 6-41 可以看到，随着层间距的增大，屏蔽效能显著提高。这是符合物理规律的，因为当电磁波通过第一层窄缝时，相当于在窄缝处形成一个缝隙天线，在窄缝右侧的场相当于天线辐射场。第二层窄缝距离第一层窄缝越远，天线在此产生的辐射场越小，故而通过第二层窄缝耦合的场强也越小。

6.4.2 窄缝正对情况的影响

为降低通过双层窄缝的耦合，我们还研究了两窄缝不正对时，通过窄缝耦合的电磁场的变化。两层导体板上的窄缝在 x 和 y 方向上的相对位置如图 6-42 所示。计算中始终保持两层导体板位置不变，且 d=5/3 mm，两层导体板之间不填充任何介质。我们试验了左侧导体板上窄缝分别在 x 和 y 方向上移动时屏蔽效能的变化。

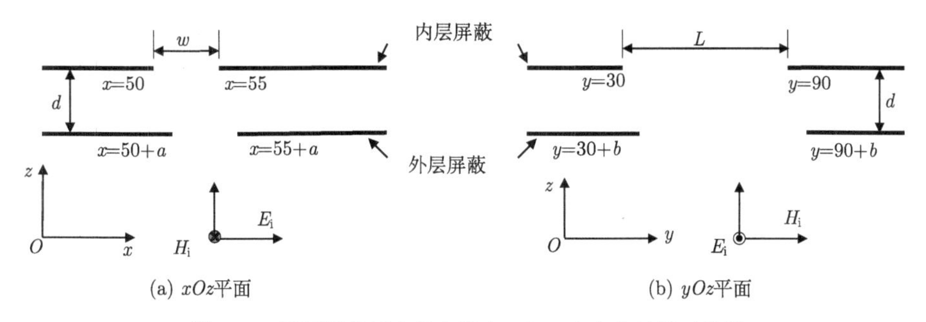

(a) xOz平面　(b) yOz平面

图 6-42　两层导体板上的窄缝在 x 和 y 方向上的相对位置

首先在 x 方向改变左侧导体板窄缝的位置，即 b=0，而 a 从正对位置 (a=0 mm) 变化到 a=25 mm。在观测点得到的屏蔽效能如图 6-43 所示。可以看到，随着两导体板上的窄缝不正对距离的增加，屏蔽效能显著提高，且在 a=4 mm 到 a=10 mm 区间，增加不正对距离对提高屏蔽效能的作用最为明显。

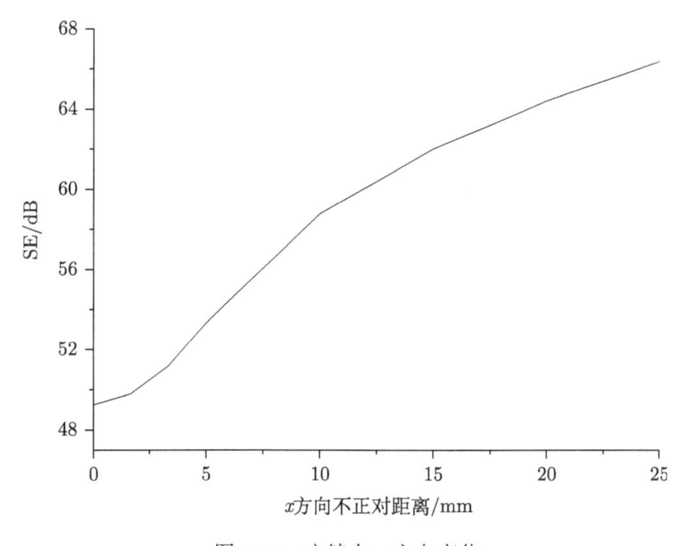

图 6-43　窄缝在 x 方向变化

其次在 y 方向改变左侧导体板窄缝的位置，即 a=0，而 b 从正对位置 (b=0 mm) 变化到 b=20 mm。在观测点得到的屏蔽效能如图 6-44 所示。可以看到，随着两导体板上的窄缝不正对距离的增加，屏蔽效能显著提高。

6.4.3　填充介质的影响

为研究填充介质对双层窄缝耦合的影响，此时当两层导体板间距为 d=5/3 mm 时，且两层导体板上的窄缝位于正对位置，即 a=0 mm，b=0 mm。在两层导体板间填充两种参数的介质，介质一：σ=0.005 S/m，ε_r=2.6，μ_r=1.0；介质二：σ=30.0 S/m，ε_r=2.6，μ_r=1.0。此外，我们还模拟了两层导体板间填以完全导体材料时的耦合电场。这三种情况下的耦合电场与没有填充介质时的耦合电场进行了比较，如图 6-45 所示，采样点位于 z=145 mm 平面中心。从图 6-45 可以看到，两层导体板间填充介质对窄缝耦合基本没有影响，而当填以完全导体时，反而会使耦合增加。

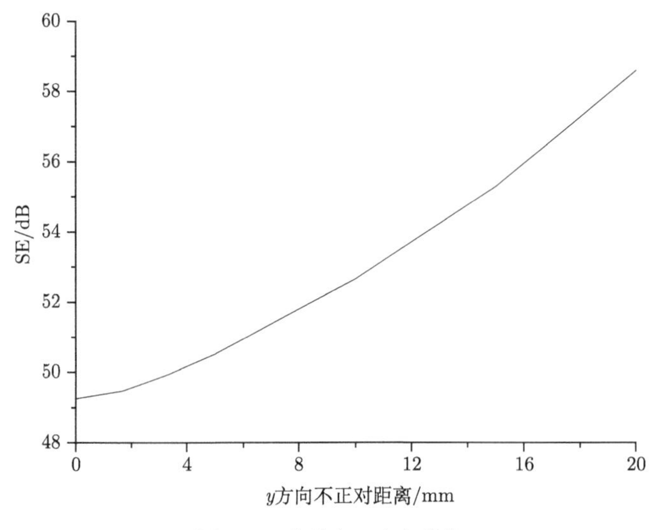

图 6-44 窄缝在 y 方向变化

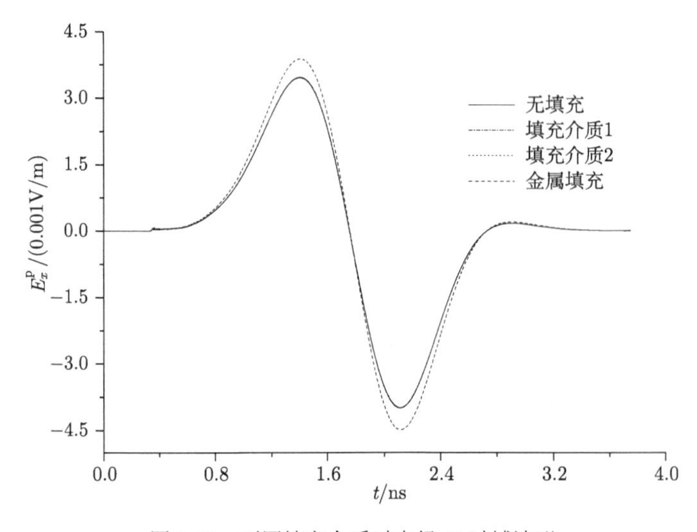

图 6-45 不同填充介质时电场 E_x 时域波形

通过以上不同双层屏蔽参数下两层导体板上窄缝耦合的模拟分析，可得以下列结论：

(1) 层间距越大，屏蔽效能越好。

(2) 增加两层导体板上的窄缝不正对距离有利于提高屏蔽效能。

(3) 两屏蔽层间填充介质不能提高屏蔽效能。

故而在设计双层屏蔽壳体上通风散热孔时，可适当增加双层屏蔽层间距，并在条件允许的情况下可考虑将窄缝设置在不正对的位置。

参 考 文 献

[1] 周璧华, 陈彬, 石立华. 电磁脉冲及其工程防护. 北京: 国防工业出版社, 2003.

[2] 周璧华, 高成, 石立华, 等. 人防工程电磁脉冲防护设计. 北京: 国防工业出版社, 2006.

[3] Kiang J F. Shielding effectiveness of single and double plates with slits. IEEE Transactions on Electromagnetic Compatibility, 1997, 39(3): 260-264.

[4] Su Y P, Liu X, Hui S Y. Extended theory on the inductance calculation of planar spiral windings including the effect of double-layer electromagnetic shield. IEEE Transactions on Power Electonics, 2008, 23(4): 2052-2061.